城镇燃气职业教育培训教材

中国城市燃气协会指定培训教材

燃气燃烧设备

Ranqi Ranshao shebei

主编 吕 瀛

重庆大学出版社

内容提要

本书是城镇燃气职业教育培训系列教材之一。本书结合企业、职业对燃气设备应用相关人员理论知识、操作技能、安全维护等方面的需求，以及燃烧设备应用现状，进行有针对性的知识介绍。本书分为家用燃烧器具、商用燃烧器具、家用燃烧器具与商用燃烧器具的点火装置和安全自控装置、燃烧设备间的通风与排烟、工业用燃烧设备、燃气应用技术发展的领域六部分，图例较为丰富，内容深度适宜，且强调安全操作、安全运行及设备维护，较好体现了职业培训的特点。本书既作为企业培训教材，也可用作自学的参考书，通过学习该书以适应燃气相关工作岗位需要。

图书在版编目(CIP)数据

燃气燃烧设备/吕瀛主编．—重庆：重庆大学出版社，2011.4(2021.7 重印)
城镇燃气职业教育培训教材
ISBN 978-7-5624-5993-4

Ⅰ.①燃…　Ⅱ.①吕…　Ⅲ.①气体燃料—燃烧设备—职业教育—教材　Ⅳ.①TQ052.73

中国版本图书馆 CIP 数据核字(2011)第 027301 号

中国城市燃气协会指定培训教材
城镇燃气职业教育培训教材
燃气燃烧设备
主　编　吕　瀛
策划编辑　李长惠　张　婷
责任编辑：张　婷　　版式设计：张　婷
责任校对：谢　芳　　责任印制：赵　晟
*
重庆大学出版社出版发行
出版人：饶帮华
社址：重庆市沙坪坝区大学城西路 21 号
邮编：401331
电话：(023)88617190　88617185(中小学)
传真：(023)88617186　88617166
网址：http://www.cqup.com.cn
邮箱：fxk@cqup.com.cn(营销中心)
全国新华书店经销
POD：重庆新生代彩印技术有限公司
*
开本：787mm×1092mm　1/16　印张：8.25　字数：206 千
2011 年 4 月第 1 版　　2021 年 7 月第 4 次印刷
ISBN 978-7-5624-5993-4　定价：28.00 元

城镇燃气职业教育培训教材编审委员会

序　言

随着我国城镇燃气行业的蓬勃发展，现代企业的经营组织形式、生产方式和职工的技能水平都面临着新的挑战。

目前我国的燃气工程相关专业高等教育、职业教育招生规模较小；在燃气行业从业人员（包括管理人员、技术人员及技术工人等）中，很多人都没有系统学习过燃气专业知识。燃气企业对在职人员的专业知识和岗位技能培训成为提高职工素质和能力、提升企业竞争能力的一种有效途径，全国许多省市行业协会及燃气企业的技术培训机构都在积极开展这项工作。

在目前情况下，组织编写一套具有权威性、实用性和开放性的燃气专业技术及岗位技能培训系列教材，具有十分重要的现实意义。立足于社会发展对职工技能的需求，定位于培养城镇燃气职业技术型人才，贯彻校企结合的理念，我们组建了由中国城市燃气协会、北京燃气集团、重庆大学、哈尔滨工业大学、北京建筑工程学院、天津城市建设学院、郑州燃气股份有限公司、港华集团等单位共同参与的编写队伍。编委会邀请到哈尔滨工业大学的段常贵教授、中国城市燃气协会迟国敬副秘书长担任顾问，北京建筑工程学院詹淑慧教授担任执行总主编，重庆大学彭世尼教授担任总主编。

本套培训教材以提高燃气行业员工技能和素养为目标，突出技能培训和安全教育，本着“理论够用、技术实用”的原则，在内容上体现了燃气行业的法规、标准及规范的要求；既包含基本理论知识，更注重实用技术的讲解，以及燃气施工与运用中新技术、新工艺、新材料、新设备的介绍；同时以丰富的案例为支持。

本套教材分为专业基础课、岗位能力课两大模块。每个模块都是开放的，内容不断补充、更新，力求在实践与发展中循序渐进、不断提高。在教材编写工作中，北京燃气集团提出了构建体系、搭建平台的指导思想，作为北京市总工会职工大学“学分银行”计划试点企业，将本套培训教材的开发与“学分银行”计划相结合，为该职业培训教材提供了更高的实践平台。

教材编写得到了中国城市燃气协会、北京燃气集团的全力支持，使一些成熟的讲义得到进一步的完善和推广。本套培训教材可作为我国燃气集团、燃气公司及相关企业的职工技能培训教材，可作为“学分银行”等学历教育中燃气企业管理专业、燃气工程专业的教学用书。通过本套教材的讲授、学习，可以了解城市燃气企业的生产运营与服务，明确城镇燃气行业不同岗位的技术要求，熟悉燃气行业现行法规、标准及规范，培养实践能力和技术应用能力。

编委会衷心希望这套教材的出版能够为我国燃气行业的企业发展及员工职业素质提高做出贡献。教材中不妥及错误之处敬请同行批评指正！

编委会

2011 年 3 月

前 言

随着我国天然气事业的发展，燃气行业的从业人员需求量越来越大，然而关于培训这部分人员所需的教材体系尚未建立，直接影响着从业人员的理论知识水平和技能水平。

“燃气燃烧设备”是城镇燃气职业培训系列教材之一。本书面向燃气设备应用相关人员，就当前燃烧设备应用现状，将企业需求与职业技能相结合，介绍了燃烧设备应用方面的理论知识、操作技能、安全运行和设备维护。

本书主要内容有：家用燃烧器具、商用燃烧器具、家用燃烧器具与商用燃烧器具的点火装置和安全自控装置、燃烧设备间的通风与排烟、工业用燃烧设备、燃气应用技术发展的领域。

本教材第一章、第四章由港华燃气有限公司葛学良、陆永坚、周建鲁、蔡金棠编写，第二章、第三章由北京公用事业科研所刘庆石编写，第五章、第六章由北京建筑工程学院郭全编写，全书由北京市燃气集团燃气学院吕瀛主编。

希望本书可为城镇燃气职业培训人员和受训人员提供有益的帮助和参考。也请各位读者在使用过程中总结经验，提出修改意见与建议，助本套教材不断完善、提高。

编　者

2010 年 10 月

目　录

1 家用燃烧器具

核心知识

- 家用燃气灶具
- 家用燃气热水器
- 家用壁挂炉

学习目标

- 认识家用灶具，了解其结构
- 认识家用燃气热水器
- 认识家用壁挂炉
- 了解其他家用燃气燃烧器具

1.1 家用燃气灶具

燃气灶具是含有燃气燃烧器的烹调器具的总称，包括燃气灶、燃气烤箱、燃气烘烤器、燃气烤箱灶、燃气烘烤灶、燃气饭锅、气电两用灶具。

家用燃气灶具，是指以燃气（液化石油气、人工燃气、天然气）作为燃料进行加热的厨房用具。

以燃气为燃料的燃烧装置总称燃气燃烧器具（燃具）。

通常来说，家用燃气燃烧器具（家用燃具）就是指我们日常生活中用到的燃气灶具、燃气热水器、壁挂炉等所有使用燃气（人工燃气、液化石油气、天然气）来作为燃料的器具，主要包括以下五大类：

- 燃气烹饪器具：包括燃气灶具、燃气饭煲（锅）、燃气烤箱、燃气保温器等。
- 燃气热水器具：包括热水炉、热水器、燃气锅炉三种。
- 燃气采暖、供冷器具：包括燃气采暖器（取暖器）、燃气空调机等。
- 燃气洗涤、干燥器具：包括热水洗衣机、洗涤烘干器、熨烫设备等。
- 燃气冷藏器具：包括燃气冰箱和燃气冷柜。

1.1.1 家用燃气灶具型号编制

按照 GB 16410—2007《家用燃气灶具》的规定,家用燃气灶的型号编制如下:

灶具类型代号	燃气类别代号	—	企业自编号

(1)灶具类型代号

燃器灶具类型代号按功能不同用大写汉语拼音字母表示为:

——JZ 表示燃气灶

——JKZ 表示烤箱灶

——JHZ 表示烘烤灶

——JH 表示烘烤器

——JK 表示烤箱

——JF 表示饭锅

气电两用灶具类型代号由燃气灶具类型代号和带电能加热的灶具代号组成,用大写汉语拼音字母表示为:

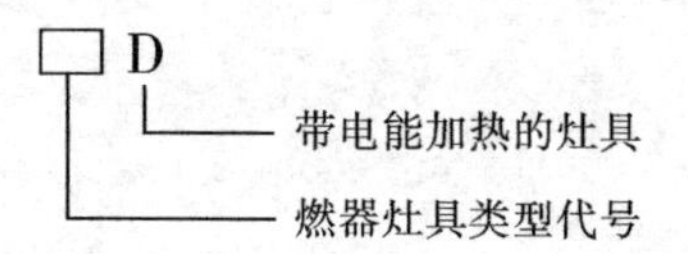

(2)燃气类别代号

Y—液化石油气

T—天然气

R—人工燃气

(3)企业自编号产品特征号或设计号(用汉语拼音字母和/或阿拉伯数字表示)

示例:

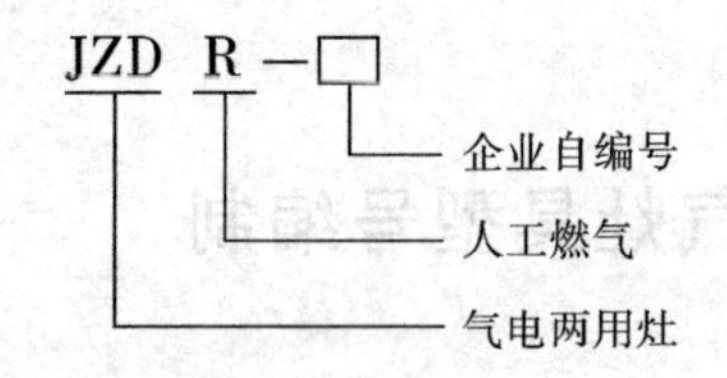

家用燃气灶技术参数标识

品名:×××牌嵌入式旋火型燃气灶

型号:JZY-2　燃气压力:2 000 Pa

气源:天然气

热流量(单个燃烧器额定每小时燃烧消耗的燃气热量):左:3.5 kW 右:3.5 kW

出厂日期:2003.10.26

出厂编号:200369661

生产厂家:×××有限公司

每台燃气灶的侧面或正面应有燃气灶标识(又称铭牌),包括技术指标、警示性说明、操作标志等内容。

1.1.2　家用燃气灶具分类

家用燃气灶具有如下六种分类方式:

1)按气源分类

我们使用的燃气大致分为天然气、人工燃气和液化石油气,燃气灶必须与燃气匹配,燃气灶用字母注明了所适用的燃气种类:天然气(T)、人工燃气(R)、液化石油气(Y)。

2)按材质分类

按燃气灶面板的材质分类,主要有不锈钢灶、钢化玻璃灶、陶瓷灶、搪瓷灶等。

不锈钢面板的产品(图1.1)是主流。其优点是结实耐碰撞,缺点是难清洗,如果用硬物刷洗容易破坏表面光泽度。国家要求灶具面板所用不锈钢板厚度不得低于0.3 mm。

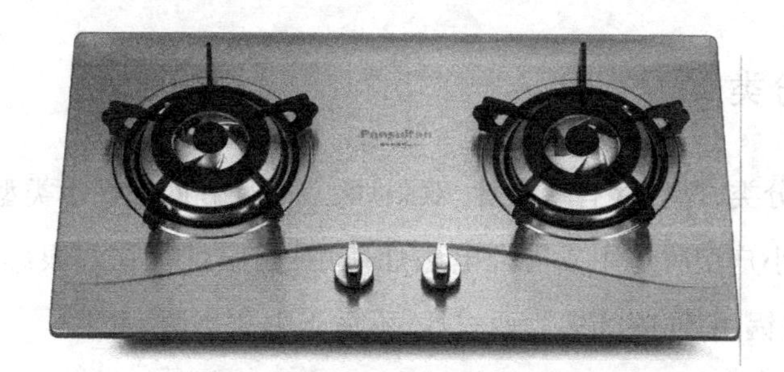

图 1.1　不锈钢面板的嵌入式灶

钢化玻璃面板的产品(图 1.2)也是市场的主流之一。钢化玻璃较为美观,且耐腐蚀、耐磨,其晶莹剔透的质感受很多人喜欢。但是玻璃面板越厚越不易散热,因此增大了发生裂板现象的可能性,且可能存在爆裂的危险,应有防爆保护。

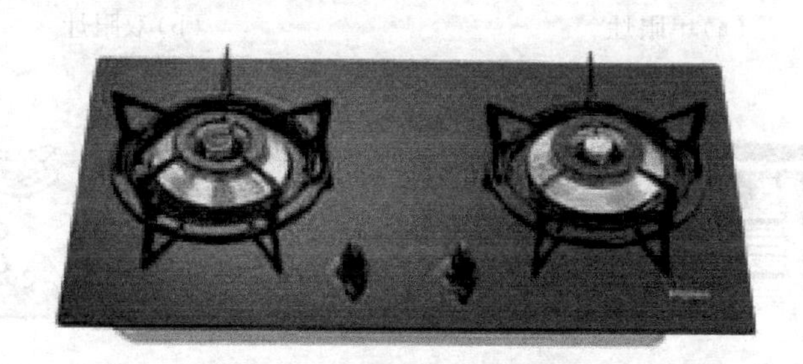

图 1.2　玻璃面板嵌入式灶

陶瓷面板(图 1.3)是陶瓷中一种高级瓷石,经过 1 230 ℃的高温烧结而成,本身具备了不怕高温的特点,所以不会发生变色、炸板,并且抗冲击、腐蚀,无辐射。但陶瓷面板使用久了也存在开裂的可能性,因此,陶瓷面板生产加工时对其耐高温和抗硬物击打性能方面要求较高。

搪瓷面板虽然清洗方便、经久耐用,但其外观色彩、质感不显档次,市场占有量不高。

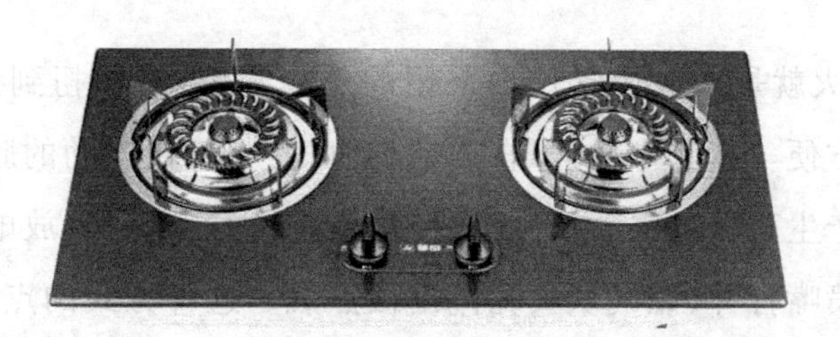

图 1.3　陶瓷面板嵌入式灶

3)按灶眼分类

按灶眼数量分类,燃气灶有单眼灶、双眼灶、三眼灶和四眼灶等类型(图1.4)。

单眼灶适合小户型厨房用或搭配电磁灶使用;三眼灶是在双眼燃气灶中间加一小灶眼,一般供小奶锅用;四眼灶多为西式灶,不适于中式烹调。

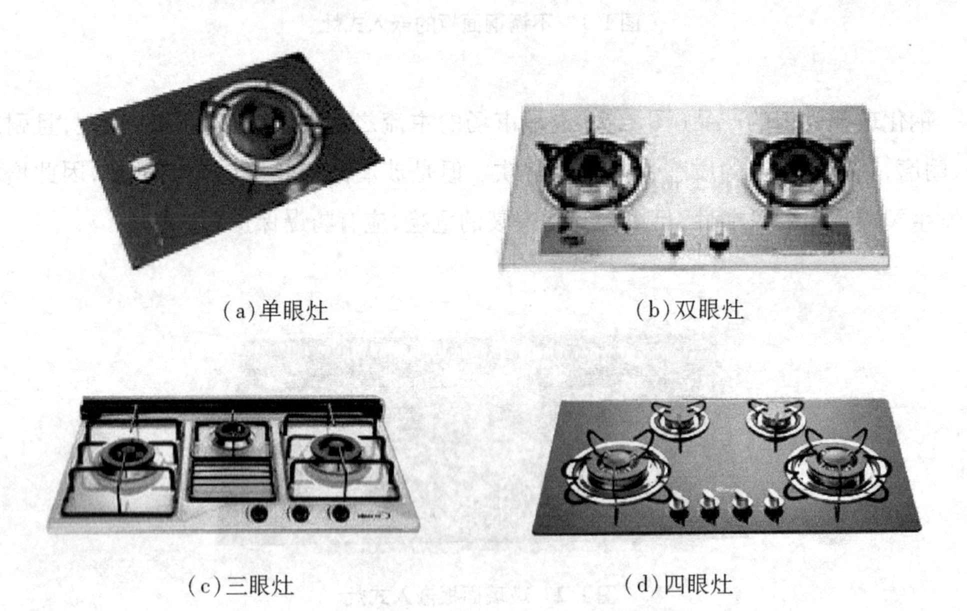

(a)单眼灶　(b)双眼灶

(c)三眼灶　(d)四眼灶

图1.4　单眼灶、双眼灶、三眼灶、四眼灶

4)按点火方式分类

在燃气灶炉盘灶头中间有两个突起的小柱,一个是燃气灶的点火装置,一个是燃气灶的熄火保护安全装置。燃气灶的点火方式有电子脉冲点火和压电陶瓷点火两种。

电子脉冲点火就是一般燃气灶上采用的点火装置,旋钮扭到某个位置就点着火了,非常简单方便。其工作过程是:按下旋钮,使与旋钮连动的脉冲开关连通,高压元件通电后,产生高压放电,由高压线传给点火针,产生连续放电点火,随着旋钮转动,主燃烧器喷嘴打开,燃气从火孔流出被点燃。这种方式的点火装置需要定期换电池。

压电陶瓷点火器由压电陶瓷元件、点火锤、簧、点火针、高压线、拨插片、点火喷嘴、接地放电端子及旋转开关组成。其工作过程是:用力按下旋钮,使与旋钮连在一起的拨插片凸出端与点火锤凸端顶住,随着旋转轴逆时针转动,拨插片带动点火锤后移和弹簧收缩。当旋转轴转动时,点火燃气通道被打开,燃气流向点火喷嘴,与此同时拨插片将点火锤移至极限位置,拨插片与点火锤凸端分开,弹簧复位,点火锤撞击压电陶瓷产生高压电,可达 5 000 伏至 10 000 伏。在电极处产生电火花点火,点燃点火器喷出的燃气,点火器射出火焰再点燃主火燃烧器并流出燃气。

压电陶瓷点火器的优点是寿命长,无须其他电源,在潮湿高热场合能正常工作;缺点是一次点火只能出一个火花。脉冲点火器的优点是点火时连续出现火花,点火率高,安全可靠;缺点是须保持清洁、干燥,受潮后容易损坏,点火火花变小时须更换电池,长期停用灶具须将电池取出。

5)按安装方式分类

燃气灶按安装方式分为嵌入式、台式及整体灶等。

嵌入式燃气灶具的主体嵌入到橱柜台面下,外型美观时尚,整体效果好(图1.4)。台式燃气灶(图 1.5)的整个灶体放在台面上,经济实用,价格低廉。

图 1.5　台式灶具

整体灶是配置带烤箱或消毒柜的燃气灶(图 1.6),部分整体灶整合下排风油烟机于一体,功能性强,一体效果好。

图 1.6　带烤箱的整体灶

6) 嵌入式按进风方式分类

嵌入式灶具一般有下进风、上进风和全进风三种方式。

下进风式通过灶具下方进空气，这样的进风方式火力大，热负荷高，适于中式猛火爆炒的烹饪。但嵌入式下进风灶具如果空气不足，容易造成燃烧不充分，产生一氧化碳；并且，如果配有玻璃台面，过高的温度可导致爆裂等危险，所以安装一定要注意保持灶台下橱柜的进风通畅。

上进风的灶具无须在橱柜上开孔，安装方便，但这种结构的灶具热负荷不是很大，热效率也较低，有黄焰及一氧化碳含量偏高的问题。由于结构原因，上进风灶具的热负荷也不能设计过大，大于 3.06 千瓦时黄焰很厉害，热效率较低，不太符合国人对猛火的需求，且高高的炉头使灶具的美观大打折扣，但上进风设计能降低玻璃面板爆裂率。

全进风灶具在底盘、炉头等多处都有进风口，保证充分燃烧时所需的空气，热负荷高、火力猛，符合中国猛火爆炒的烹饪要求，同时降低了灶具内部的温度，能有效地避免玻璃面板的爆裂现象。这种燃气灶在面板相对低温区安了一个进风器，当燃烧使壳体内空气减少形成负压时，冷空气会顺着进风器的入口被吸入壳体，不但提供了充足的一次空气和燃烧时所需的二次空气，解决了黄焰问题，一氧化碳浓度也大大降低；进风器还可以排出泄漏的燃气，即使燃气泄漏出现点火爆燃，气流也可以从进风器尽快地排放出去，内压迅速降低，冷空气同时通过进风器进入炉体也降低了台面玻璃的温度，避免了玻璃面板爆裂。

1.1.3 家用燃气灶具结构

燃气灶主要由供气部分、燃烧部分和辅助部分组成。图 1.7 为台式灶结构示意图，图1.8为嵌入式灶结构图。

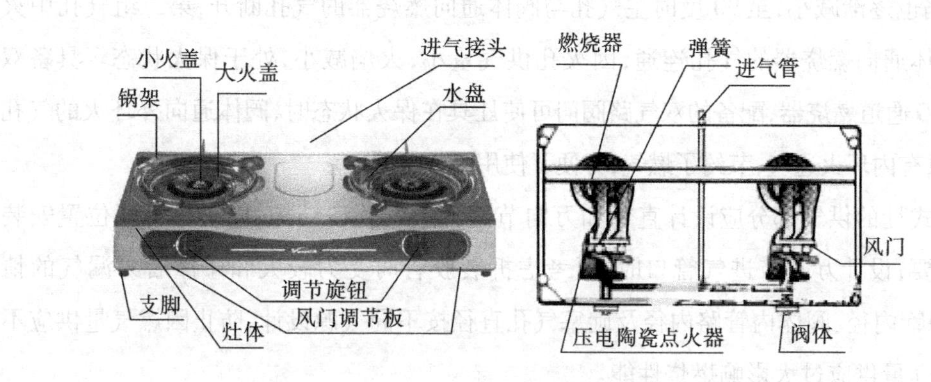

图 1.7　台式灶基本结构示意图

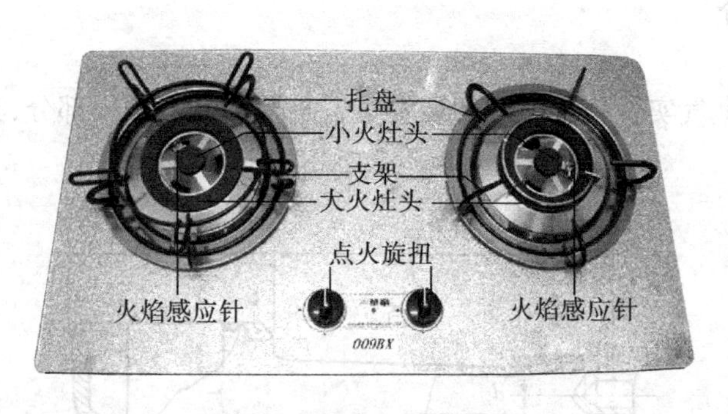

图 1.8　为嵌入式结构图

1)供气部分

供气部分包括燃气管路（含燃气主管及支管），阀门等。这部分的作用是根据燃烧器的设计流量，供应足够的燃气量；阀门是控制燃气灶的开关，要求阀门开关灵活，管路及阀门应保证严密不漏气。

阀门是灶具中的主要部件，以台式灶为例，阀门由旋塞和阀体两部分组成，旋塞的

锥体上设有2组通气孔,第1组气孔是供给点火装置的气源,第2组气孔是供给燃烧器的气源。两组气孔分别对应阀体通向点火装置和燃烧器的供气管路。当旋钮按下到底后,旋塞向左旋转90度,第1组气孔与阀体通向点火装置的气孔连通,给点火装置供气,第2组气孔中主气孔与阀体通向燃烧器的气孔连通供气,点火装置动作点火,点燃燃烧器,此时处于最大供气量状态,火焰散发的热量最大。旋钮松开后,在弹簧作用下旋塞与阀体接通的点火气孔断开,点火结束。当旋钮继续向左旋转旋塞主气孔逐渐关小,火焰也逐渐减小,至90度时主气孔与阀体通向燃烧器的气孔断开,第二组气孔中火孔与阀体通向燃烧器的气孔连通,因火孔供气量小,火焰减小,处于保火状态。具备双环火的双通道燃烧器,配备的双气路阀门可使灶具在保火状态时,阀体通向外环火的气孔关闭,只有内环火通气,节约了燃气,方便了使用。

台式灶的供气部分应设计直管和万向节两种进气管口结构,以满足不同位置安装胶管需要;设计万向节进气管口时,要考虑拆装胶管时受力较大和碰撞后易漏气的情况;T型管内径、阀体内管路内径及旋塞气孔直径按不同气源设计,防止因燃气量供应不足或燃气量供应过大影响燃烧性能。

2)燃烧部分

燃烧器是使燃气实现稳定燃烧的装置。它是燃气灶的主要部分,其结构见图1.9。

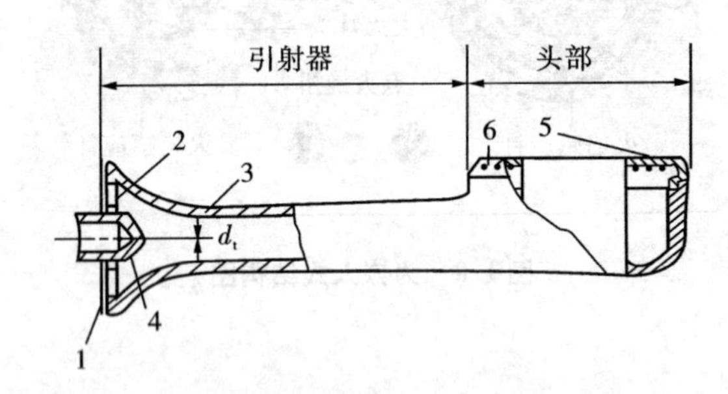

1—调风板,2—引射口,3—喉管,4—喷嘴,5—火盖,6—火孔

图1.9　燃烧器结构图

燃烧器工作原理是:燃气在一定的压力下,以一定的流速从喷嘴流出,进入吸气收缩管,依靠燃气本身能量的引射作用,吸引周围空气进入引射器,这部分空气也称为一次空气。一次空气和燃气在引射器内混合,然后经头部火孔流出,进行燃烧。在燃烧中

从火焰周围吸引空气助燃,这部分空气称为二次空气。

喷嘴是燃烧器的重要组成部分。喷嘴应具备两个性能:一、为燃烧器火焰提供数量准确的燃气;二、为引射规定使用燃气气源所需的一次空气量,应使燃气产生喷射作用,并在燃气周围形成负压。要按燃烧器对喷嘴性能的要求,根据气源,火孔的形状、大小、面积、喉部直径,吸气口的形状、大小,综合分析确定喷嘴形状、有无侧孔及侧孔孔径。

火孔也称为燃烧孔,其形状或大小变化对燃烧效果影响很大,常用的有圆火孔、方火孔、条形火孔。

圆火孔加工方便,常用钻头直接钻出。为防止脏物堵塞,一般火孔应大于直径2 mm。

方火孔(矩形或梯形孔)加工方法有铸造或机械两种,要求制造工艺高,适于可拆卸(火盖)的燃烧器的头部,且与二次空气火孔接触面较圆火孔大,适于二次空气量需要较多的场合。

条形火孔即缝隙火孔,一般宽度小于2 mm,长度6 ~ 30 mm,在火盖上排列1 ~3 排,火孔交叉布置,且沿水平方向呈一夹角。条形火孔相当于多个方火孔相连,二次空气的接触较差,容易造成不完全燃烧,出现黄焰和 CO 过高等情况,适于热流量大,加热面小的场合。如果设计合理,加工组装达到技术要求,条形火孔可以提高火孔热强度和热效率。

新产品在设计定型试验中,当燃烧工况出现问题时,通过以下步骤依次试验解决:调整喷孔截面与引射器喉部距离—改变喷嘴设计—改进燃烧器火孔、火盖—更改引射器喉部设计。使用时,通过风量调节器(风门)控制引风量大小。当火焰出现脱火、回火时将风门开度减小,使一次空气量减小;当燃烧器出现黄焰,火焰发红,且产生软弱无力的长火焰时将风门的开度增大。火焰呈较短而有力的蓝色火焰时燃烧效果最好。

一次空气吸入口设在吸气收缩管上,其开口面积的大小按照设计热流量、气源参数计算,吸入口处风速不超过1.5 m/s。引射器喉部截面到喷嘴喷孔截面应有一定距离,位置不正确,将影响一次空气吸入量。当喉部直径大于喷嘴外径时,一般取1.0 ~1.5倍的喉部直径。安装喷嘴时,喷嘴中心线与混合管中心线应一致,偏移或有交角会影响两种气体的混合效果。

3)辅助部分

辅助部分包括点火装置、自动控制装置和其他部件(外壳、支角、汤盘和锅架等)。

点火装置:燃气灶的点火普遍采用电火花点火方法,其点火装置主要有压电陶瓷点火器、脉冲点火器。

自动控制装置:包括意外熄火时能自动关闭气源的熄火保护装置和过热状态时能自动关闭气源的过热保护装置、回火保护装置等安全装置。国标(GB 16410—2007)《家用燃气灶具》中规定:所有类型的灶具,每一个燃烧器均应设有息火保护装置。

1.1.4 燃气灶质量要求

• 台式燃气灶的点火系统需要点火强劲、声音清脆;

• 燃气灶有熄火保护装置;

• 以铸铁、钢板等材料制造的产品表面喷漆应均匀平滑,无起泡或脱落现象;

• 燃气灶的整体结构应稳定可靠,灶面要光滑平整,无明显翘曲,零部件的安装要牢固,不能有松脱现象;

• 燃气灶的开关旋钮、喷嘴及点火装置的安装位置必须准确无误,每次点火都应基本可使燃气点燃(启动 10 次至少应有 8 次可点燃火焰),点火后 4 秒内火焰应燃遍全部火孔;

• 利用电子点火器进行点火时,人体在接触灶体的各金属部件时应无触电感觉。火焰燃烧时应均匀稳定呈青蓝色,无黄火、红火现象;

• 燃气灶的调风门要调节方便,锅支架的安装要适当。

知识窗

在历史上,最早研制燃气灶的是法国人菲利普·鲁本,他在 1799 年 9 月 21 日获得了用煤气照明和取暖两用装置的专利权。

1.2 燃气热水器

家庭生活中经常用到热水，如洗澡、洗脸、洗衣服、洗碗、洗菜等，不同洗涤用途所需要水温不同。燃气热水器即是一种利用天然气、人工燃气、液化石油气等燃气作燃料燃烧放出的热量来加热冷水的器具，主要用于家庭淋浴、洗涤和取暖。

1.2.1 燃气热水器的分类

家用燃气热水器分为直流式热水器（快速式燃气热水器）和容积式热水器两种。

直流式热水器是冷水流经带有翼片的蛇形管被烟气加热，得到所需要的出水温度的水加热器。直流式快速热水器能快速、连续供应热水，热效率比容积式热水器高5%～10%。容积式热水器储存较多的水，间歇将水加热到所需温度，加热和出水都是间歇的，适用于一次需要热水量较大的场合。

本节仅介绍直流式热水器的知识。直流式热水器的分类主要是按照燃气种类、安装位置、给排气方式和功能进行。

1）按燃气种类分类

按燃气种类，热水器可分为人工燃气热水器、天然气热水器和液化石油气热水器。表1.1是各种燃气的分类代号和额定供气压力。

表 1.1　燃气分类

<table>
<tr><th>燃气种类</th><th>代　号</th><th>燃气额定供气压力/Pa</th></tr>
<tr><td>人工燃气</td><td>5R、6R、7R</td><td>1 000</td></tr>
<tr><td rowspan="2">天然气</td><td>4T、6T</td><td>1 000</td></tr>
<tr><td>10T、12T、13T</td><td>2 000</td></tr>
<tr><td>液化石油气</td><td>19Y、20Y、22Y</td><td>2 800</td></tr>
</table>

注:对特殊气源,如果当地宣称的额定燃气供气压力与本表不符时,应使用当地宣称的额定燃气供气压力。

2)按安装位置和给排方式分类

按照安装位置和给排气方式,热水器可分为室内安装热水器和室外安装热水器(表 1.2)。

表 1.2　安装位置和给排气方式分类

<table>
<tr><th colspan="2">名　称</th><th>分类内容</th><th>简　称</th><th>代号</th><th>示 意 图</th></tr>
<tr><td rowspan="4">室内型</td><td>自然排气式</td><td>燃烧时所需空气取自室内,用排气管在自然抽力作用下将烟气排至室外</td><td>烟道式</td><td>D</td><td>图 1.10</td></tr>
<tr><td>强制排气式</td><td>燃烧时所需空气取自室内,用排气管在风机作用下强制将烟气排至室外</td><td>强排式</td><td>Q</td><td>图 1.11a、图 1.11b</td></tr>
<tr><td>自然给排气式</td><td>将给排气管接至室外,利用自然抽力进行给排气</td><td>平衡式</td><td>P</td><td>图 1.12a</td></tr>
<tr><td>强制给排气式</td><td>将给排气管接至室外,利用风机强制进行给排气</td><td>强制平衡式</td><td>G</td><td>图 1.13</td></tr>
<tr><td colspan="2">室外型</td><td>只可以安装在室外的热水器</td><td>室外型</td><td>W</td><td>图 1.14</td></tr>
</table>

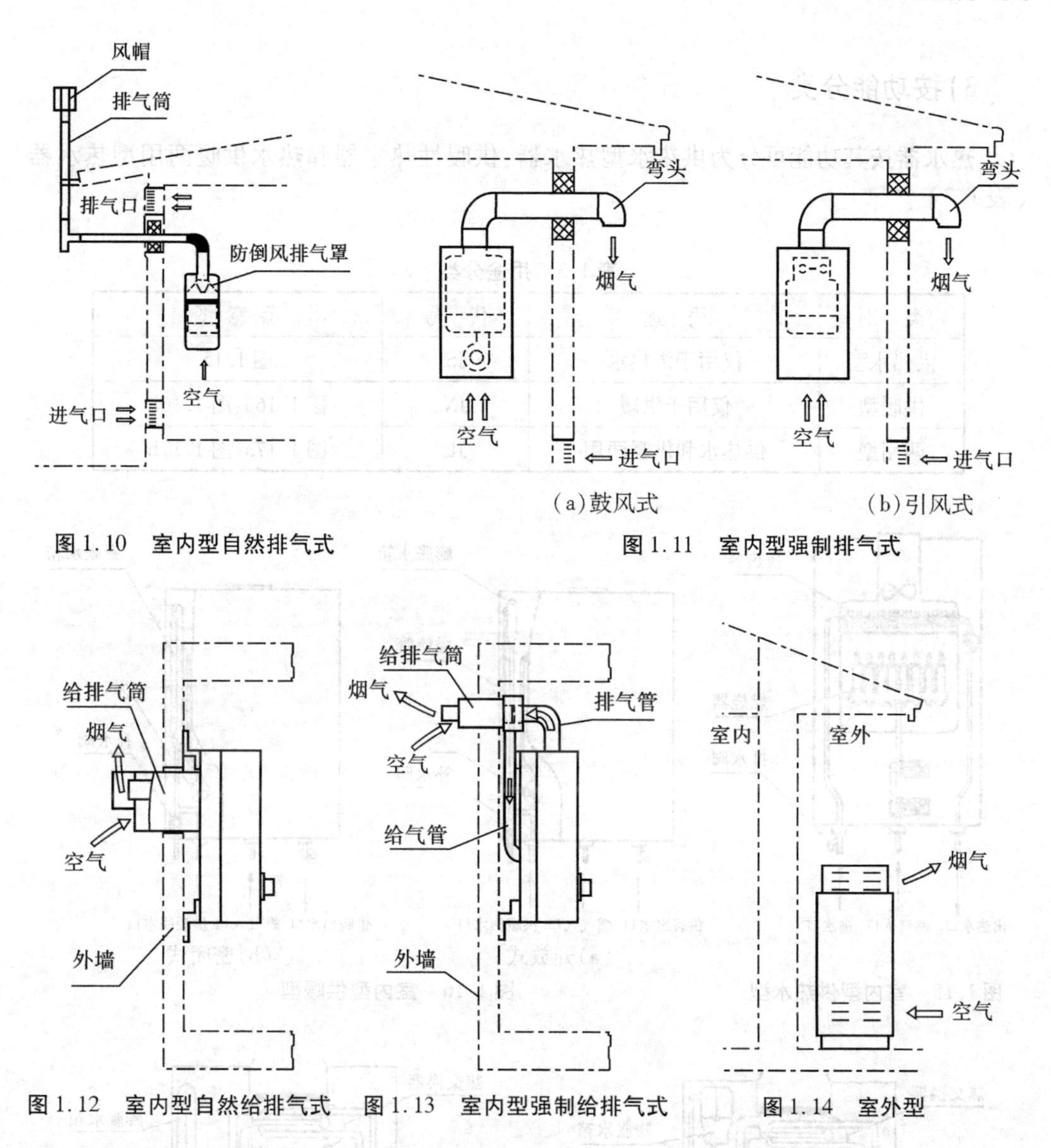

图 1.10　室内型自然排气式

图 1.11　室内型强制排气式

图 1.12　室内型自然给排气式

图 1.13　室内型强制给排气式

图 1.14　室外型

烟道式热水器:烟道式热水器是直排式热水器的改进,在原来直排式结构上部增加了一个防倒风排气罩与排烟系统。

强排式热水器:采用强制排风或者强制鼓风的方式将燃烧烟气排出室外。排风式强排热水器是把烟道式热水器的防倒风排气罩更换为排风装置(包括集烟罩、电机、排风机、风压开关等),同时适当改造原控制电路。鼓风式强排热水器的结构与排风式有很大不同,其主要特点是:烟气被强制全部排向室外,避免了室内空气的污染,保证了用户的安全;采用微正压密闭燃烧室、鼓风式燃烧方式,强化燃烧和强化传热,使燃烧室厚度比同容量的烟道式热水器减小约 50%,实现了大容量热水器的小型化。

3）按功能分类

热水器按其功能可分为供热水型热水器、供暖性热水器和热水供暖两用型热水器（表1.3）。

表1.3　用途分类

类　别	用　途	代　号	示意图
供热水型	仅用于供热水	JS	图1.15
供暖型	仅用于供暖	JN	图1.16a、图1.16b
两用型	供热水和供暖两用	JL	图1.17a、图1.17b

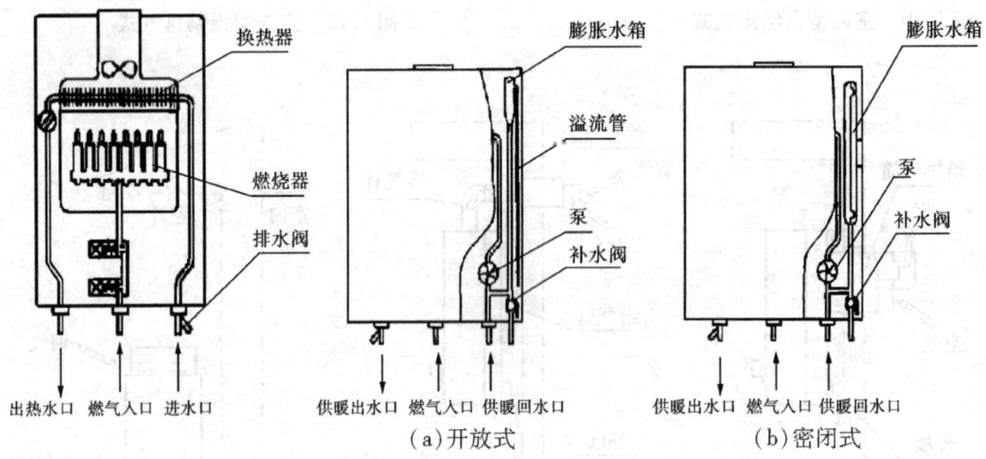

图1.15　室内型供热水型

图1.16　室内型供暖型

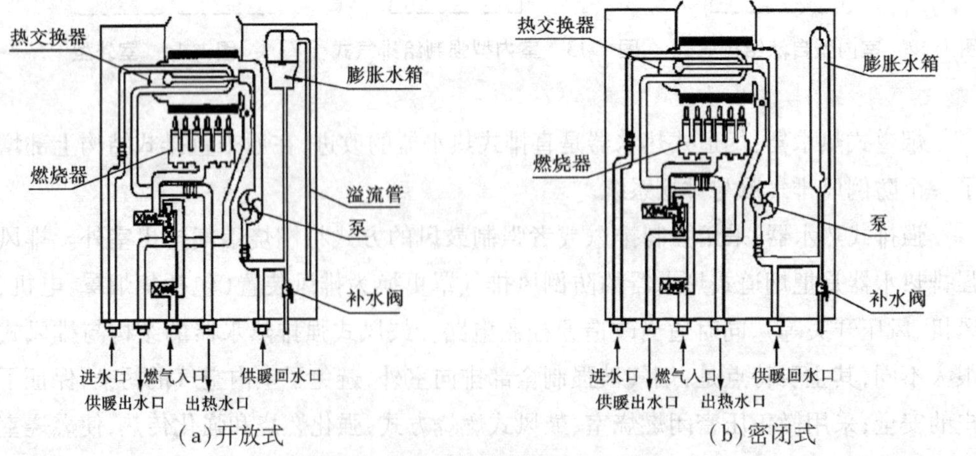

图1.17　室内型供热水、供暖两用型

1.2.2　燃气热水器的型号

• 热水器的型号编制：

代号	安装位置或给排气方式	主参数	—	特征序号

• 热水器的功能代号：

JS—用于供热水的热水器；

JN—用于供暖的热水器；

JL—用于供暖和供热水的两用热水器。

• 安装位置及给排气方式：

D—自然排气式（烟道式）；

Q—强制排气式（强排式）；

P—自然给排气式（平衡式）；

G—强制给排气式（强制平衡式）；

W—室外型。

• 主参数：主参数采用额定热负荷（kW）取整后的阿拉伯数字表示。两用型热水器如采用两套独立燃烧系统并可独立运行，额定热负荷用两套系统热负荷值相加表示；不可同时运行，则采用最大热负荷表示。

• 特征序号：由生产企业自定，位数不限。

• 标记示例

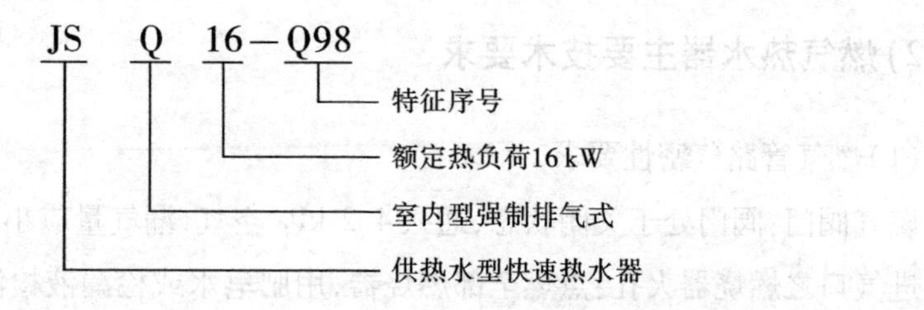

1.2.3 家用快速热水器的技术要求

1)燃气热水器的主要技术参数

①热负荷 Q:单位时间内燃气燃烧所释放出的热量,称为热负荷,单位是千瓦(kW)。热负荷标志着热水器加热能力的大小,是热水器重要指标之一。在燃气额定压力下,热水器具有的热负荷称为额定热负荷。

②热效率 η:热效率是指有效利用热量占燃气总放热量的百分比,是燃烧过程和传热过程的综合效率。

③热水产率:在燃气额定压力下,水压0.1 MPa,进出水温差25 ℃时,每分钟流出的热水量,称为热水器的热水产率,是具体衡量热水器工作能力大小的指标。

④一氧化碳(CO)含量(体积分数)与过剩空气系数 α:过剩空气系数是燃气燃烧时实际空气量与理论空气量的比值,其值与燃烧方式有关。一氧化碳含量过高会影响人身安全,一氧化碳含量是热水器的一个重要安全指标,反映燃烧的完全程度。烟气中的一氧化碳含量是以 $\alpha=1$ 为基准,其与实测的烟气中一氧化碳含量的关系是:

$$\varphi(\underline{CO}_{\alpha=1})=\frac{\varphi(\underline{CO}')-\varphi(\underline{CO}'')(\varphi(\underline{O_2}')/20.9)}{1-(\varphi(\underline{O_2}')/20.9)}$$

式中:

$\varphi(\underline{CO}_{\alpha=1})$——过剩空气系数等于 $\alpha=1$ 时,烟气中一氧化碳含量(体积分数);

$\varphi(\underline{CO}')$——烟气中一氧化碳含量(体积分数);

$\varphi(\underline{CO}'')$——室内空气中一氧化碳含量(体积分数);

$\varphi(\underline{O_2}')$——烟气中氧含量(体积分数)。

2)燃气热水器主要技术要求

(1)燃气管路气密性要求

燃气阀门:阀门处于关闭状态,通入4.2 kPa空气,漏气量应小于0.07 L/h。

进气口之燃烧器火孔:点燃全部燃烧器,用肥皂水或检漏液检测进气口至或火孔间所有连接部位为无漏气。

(2)燃气系统应采用管螺纹连接

使用液化石油气且热负荷小于等于 35 kW 的热水器也可采用软管连接，接口形式见图 1.18。

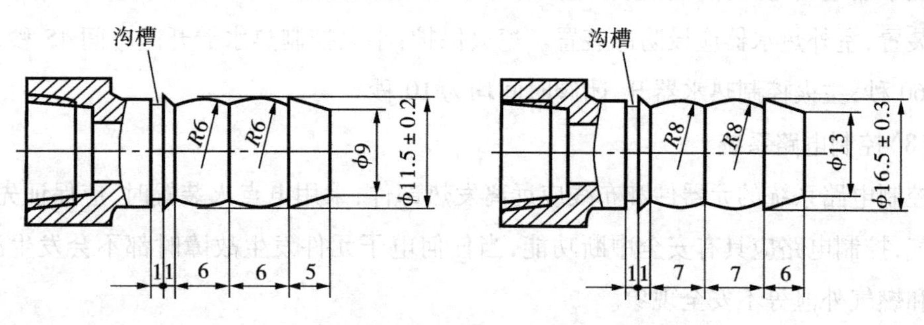

图 1.18　燃气接口简图

(3)在通往燃烧器的任一燃气通路上，应设置不小于两道可关闭的阀门，两道阀门的功能是互相独立的，见图 1.19。

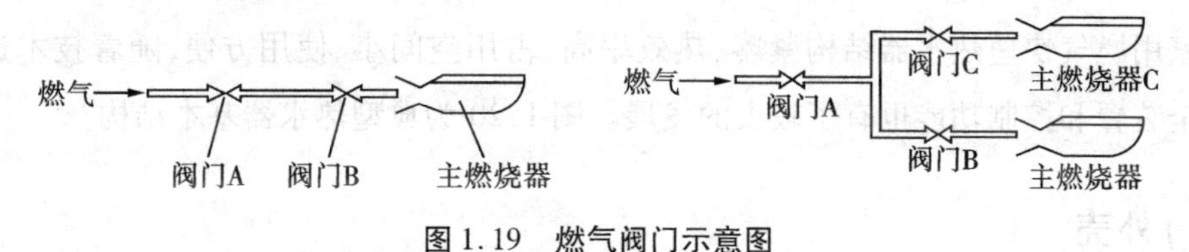

图 1.19　燃气阀门示意图

(4)水路系统耐压性要求

在适用水压上限 1.25 倍，且不低于 1.0 MPa 水压下，持续 1 分钟不允许有渗漏或变形现象。

(5)燃烧工况

燃烧稳定性：火焰应清晰，高度均匀、稳定，无黑烟、回火、熄火及影响使用的离焰现象。

火焰传递：点燃一处火孔，火焰应在 2 秒钟内传遍所有火孔，无爆燃现象。

燃烧噪声：点火噪声不大于 65 dB，熄火噪声不大于 85 dB。

排烟温度：110 ~ 260 ℃。

表面温升：操作时手必须接触的部位不超过 30 ℃。

点火装置：连续点火 10 次，着火次数不小于 8 次，失效点火不允许连续 2 次发生，且无爆燃现象。

(6)热水性能

热水产率不低于说明书规定值的 90%，热效率不低于 84%，热水加热时间不大于

45 秒。

(7)安全装置

热水器应设熄火保护装置和过热保护装置;强排热水器应设风压过大和烟道堵塞保护装置;室外热水器应设防冻装置。熄火保护:小火控制热水器开阀时间 45 秒,闭阀时间 60 秒;主火控制热水器开、闭阀时间均为 10 秒。

(8)控制电路系统

控制电路系统的元器件和布线应远离发热部件;采用电点火装置时,应保证先点火后开气;控制电路应具有安全中断功能,当任何电子元件发生故障时都不会发生漏电、着火和燃气外泄等不安全现象。

1.2.4 热水器基本结构

家用燃气快速热水器结构紧凑、热效率高、占用空间小、使用方便,随着技术进步,其安全装置和控制功能也有了较大的发展。图 1.20 为典型热水器基本结构。

1)外壳

热水器外壳应设观火孔以便于观测燃烧工况;不设观火孔的热水器,控制电路应有主火燃烧器监视功能,并给出必要的监视信号。

热水器外壳由前外壳和后外壳组成,后壳上焊有吊挂机构,前壳上设有观火孔、控制按键孔穴等。冷水管、热水管、燃气管均安装在外壳底部。外壳一般采用薄钢板冲压成型,经喷漆或搪瓷制作而成。热水器外壳应平整均匀,表面处理后不应有喷漆不匀、皱纹、脱漆、裂痕、掉瓷及其他明显的外观缺陷。

2)启动装置

热水器应设置水气联动装置,其性能应满足设计要求,动作灵活可靠。有控制电路的热水器也可采用启动装置将水流信号转化为控制电路的启动信号。

水气联动装置的作用是保证在一定水压,而且水流进入热交换器流动的前提下,燃气才能进入主燃烧器;而当水流停止或水压不足时自动停止燃气供应,防止因缺水而烧坏热水器。

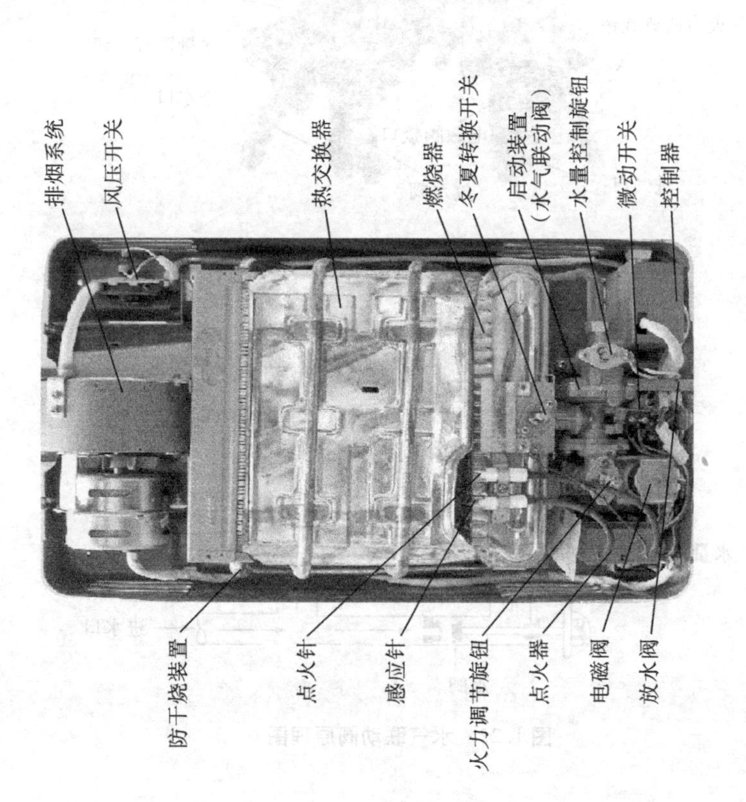

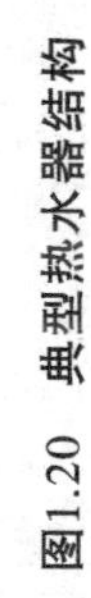

图1.20　典型热水器结构

水气联动装置结构与原理分别如图 1.21、图 1.22 所示。水阀通过中间膜片分割为上下两个腔室，两个腔室之间通过一小孔连接，下腔室直接与进水口相连，上腔室通过文氏管与出水口相连。在出水阀门处于关闭状态时，两腔室通过小孔相连，压力平衡，膜片位于中间位置，气阀处于关闭状态；当出水阀门打开时，水就会流过文式管，经过文式管水流速增加，压力降低，从而在上下腔室之间形成压差，膜片向上运动打开气阀。由于文式管的直径是固定的，单位时间内流经文式管的水越多，水的流速就越快，在两腔室之间产生的压差就越大，从而使气阀的开度就越大。可见，水气联动装置就是使燃气进入主燃烧器的流量随进水量成正比变化，保证了在热水器的热负荷范围之内，热水器的出水温度基本保持恒定。当关闭出水阀门时，水流动停止，膜片两侧压差消失，气阀在复位弹簧的作用下关闭，切断气源，主燃烧器熄火。

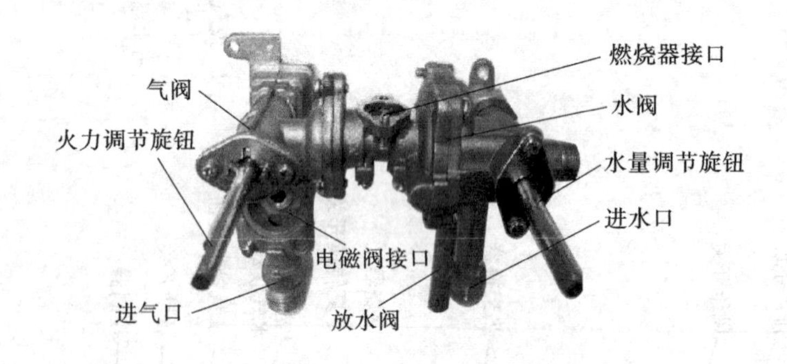

图 1.21　水气联动阀结构图

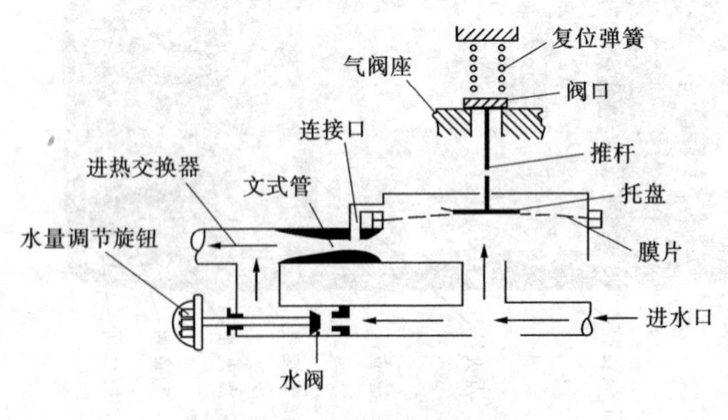

图 1.22　水气联动阀原理图

1.2.5 冷凝式燃气热水器介绍

2005 年 9 月我国首台冷凝式燃气热水器正式进入市场。冷凝式燃气热水器与普通型燃气热水器结构上的主要区别在于换热器的不同。

为充分吸收高温烟气的热量，同时便于收集凝结水，冷凝式燃气热水器一般采用二次换热方式。根据整机的结构特点，可在其上方设置冷凝换热器，下方安装显热换热器，两者之间安置冷凝水收集器。高温烟气由下至上依次进入显热换热器和冷凝换热器，换热器吸收显热和潜热后烟气温度降至常温，由上部烟道排出；而水流方向正好相反，先经过了冷凝换热器，再经过显热换热器。冷水在冷凝换热器吸收高温烟气余热后，再进入主换热器吸收火焰显热(图 1.23)。为安全可靠地排出低温烟气，冷凝式燃气热水器采用强制排烟方式排除烟气。普通型热水器未考虑烟气潜热的利用问题，排烟温度必须高于烟气的露点，以避免烟气中水蒸气的凝结，因此普通型燃气热水器无法利用水蒸气的潜热。相反，冷凝式燃气热水器希望烟气中的水蒸气尽量多凝结，以得到更多的凝结热。排烟温度越低，烟气的凝水量就越多，被加热水吸收的潜热量和显热量就越大，节能效果就越好。冷凝式燃气热水器利用了普通型热水器作为排烟损失掉的热量，把排烟热损失变成了有用热，这部分热量被有效利用的程度决定了冷凝式热水器的节能效果。冷凝式燃气热水器可比普通燃气热水器节能 10% ~15%，同时采用中和剂对排放的冷凝水进行无害处理，节能环保，是燃气快速热水器的发展方向。

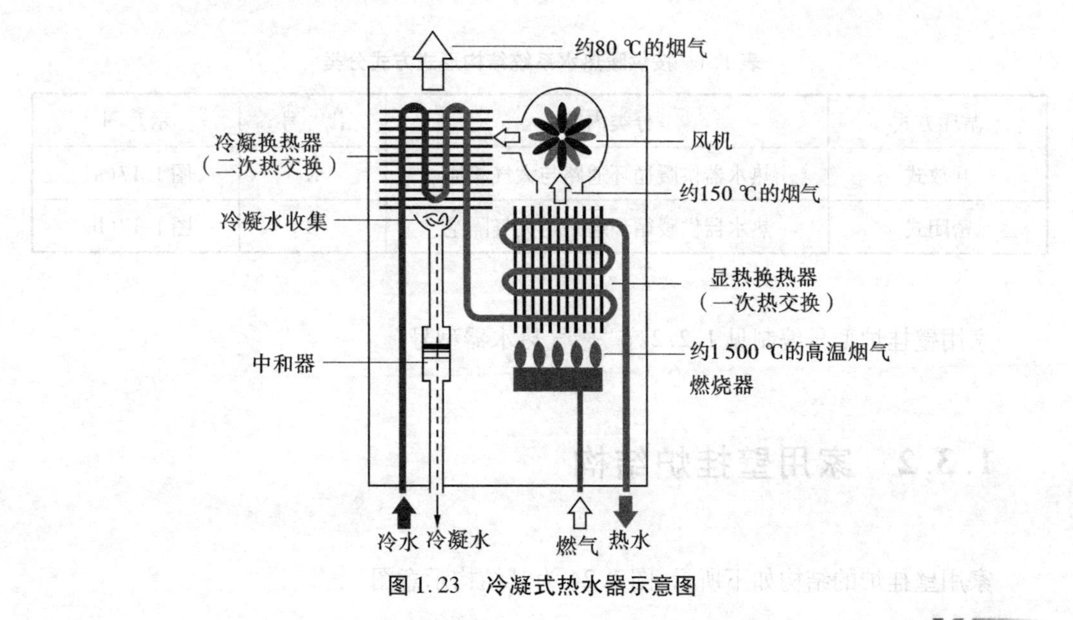

图 1.23　冷凝式热水器示意图

工作时,高温烟气由下至上经过显热换热器和冷凝换热器;两部分热量叠加使它的热效率远高于普通热水器。普通的热水器只经过显热换热器。

1.3 家用壁挂炉

1.3.1 家用壁挂炉分类

壁挂炉可根据气源种类、安装位置及给排气方式、供暖热水系统结构形式、用途进行分类。

- 按使用燃气的种类分类,参见 1.2 燃气热水器表 1.1 部分。
- 按安装位置或给排气方式分类,参见 1.2 燃气热水器表 1.2 部分。
- 按用途分类,参见 1.2 燃气热水器表 1.3 部分。
- 按供暖热水系统结构型式分类见表 1.4 ,其结构图参见 1.2 燃气热水器图1.17。

表 1.4 按供暖热水系统结构形式方式分类

循环方式	分类内容	代 号	示意图
开放式	热水器供暖循环通路与大气相通	K	图 1.17(a)
密闭式	热水器供暖循环通路与大气隔绝	B	图 1.17(b)

家用壁挂炉型号编制见 1.2.2 节“燃气热水器型号”。

1.3.2 家用壁挂炉结构

家用壁挂炉的结构如下所示,图 1.24 为其结构示意图。

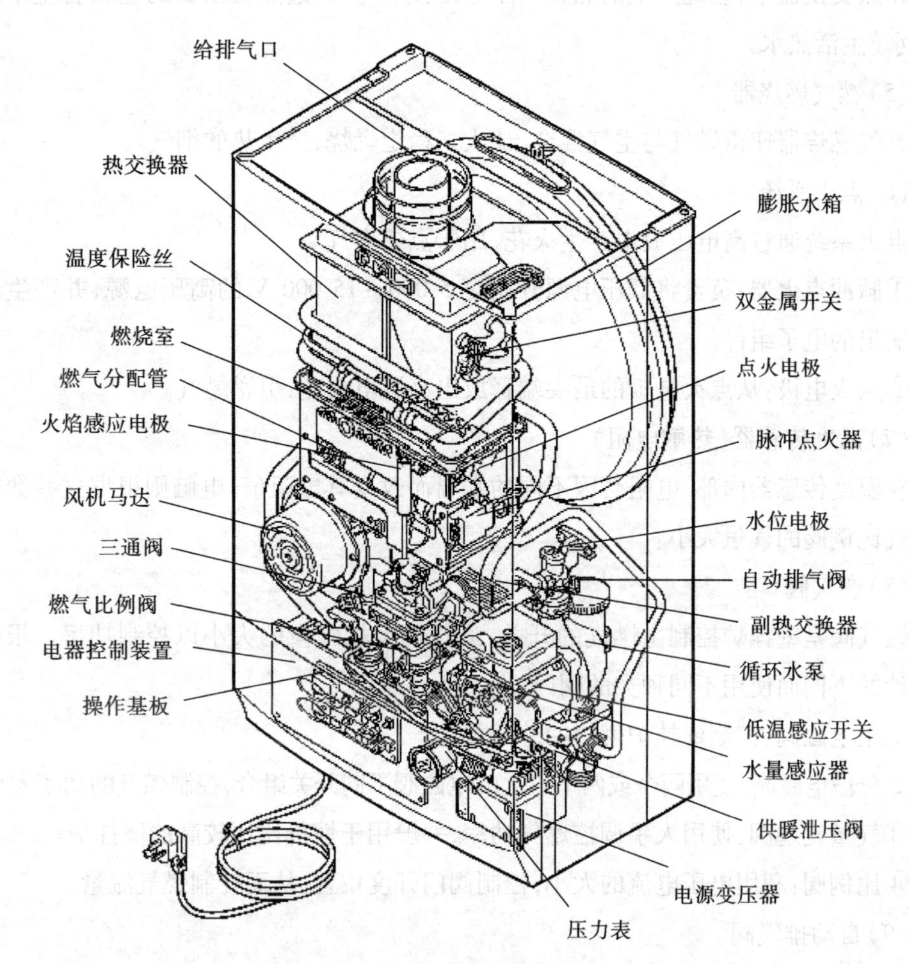

图 1.24 家用壁挂炉结构示意图

(1)烟道

烟道用于将燃烧产生的烟气排出室外。给排式烟道同时将燃烧所需的空气由室外引入。

(2)风机

风机将烟气排入烟道,同时吸入空气,减小给、排烟管的管径。

(3)风压开关

风压开关用于检测烟道内风压是否正常,当排烟系统出现故障,如风机损坏、烟道堵塞时,会停止壁挂炉运行。

(4)热交换器

在热交换器中，燃烧产生的热量（烟气及水蒸气）经过热交换器的金属管壁来加热采暖水（生活热水）。

（5）燃气燃烧器

燃气燃烧器使得燃气与空气混合，让火焰稳定燃烧，产生热的烟气。

（6）点火系统

点火系统通过高电压放电产生火花，用于点燃燃气。

①脉冲点火器：负责将低压电源升压至 5 000 ~ 15 000 V 的高压电源，并产生高压脉冲输出的电子组件。

②点火电极：从点火电极的最尖端释放出高温电火花，引燃燃气。

（7）温度传感器（热敏电阻）

在温度传感器内部，电阻会因不同的水温而改变其电阻值，电脑则根据这些数据调控燃气比例阀的气量大小。

（8）燃气阀

燃气阀是壁挂炉控制主燃气的开关，通过调节燃气量的大小以控制功率。根据炉具设计的不同而使用不同种类的阀门：

①主电磁阀：控制壁挂炉燃气的总开关。

②分段电磁阀：使用两个或两个以上的电磁阀不同开关组合，控制燃气的功率大小。

③气量旋塞阀：使用人手调控燃气功率，一般用于性价比比较高的壁挂炉。

④比例阀：利用电压电流的大小，控制阀门开度位置，从而控制燃气流量。

（9）自动排气阀

自动排气阀一般在系统循环水泵上，用于自动排出供暖系统中的空气。

（10）膨胀水箱

膨胀水箱中橡胶隔膜的一侧是惰性气体，水加热后膨胀的部分进入此水箱一侧；当系统内的水温降低后，水的膨胀量减小，在橡胶隔膜一侧气体压力的推动下膨胀水箱的水重新流回系统，保证系统压力平衡。

（11）火焰检测电极

火焰检测电极用于检测火焰的熄灭，如火焰熄灭后将自动切断燃气。

（12）水流量传感器

水流量传感器用于检测是否使用生活热水，当使用生活热水时，水流带动传感器内转子转动，转子转动产生脉冲信号供电脑参考，判断是否有足够的水流量启动生活热水供热程序。

(13)循环水泵

循环水泵用于带动系统中水的循环。

(14)补水阀

在系统初次投入使用或系统缺水时,通过补水阀向系统中补水。

(15)三通阀

三通阀用于调控主热交换器的热水出口的流动方向,当在供暖设定时供热水给供暖系统,当打开热水龙头时自动改变位置,供热水给副热交换器。

(16)水过热保护开关(双金属开关)

当水温超过特定温度,水过热保护开关内的双金属片自动离开断电。

(17)残火保护装置(温度保险丝)

当壁挂炉内部热交换器、燃烧器破损,高温烟气往外泄漏,引起内部空气温度升高,达到特定温度,保险丝受热熔断,使壁挂炉停止运作。部分炉具没有这个设计。

(18)低水压开关

当供暖系统内水压力过低时,低水压开关断开,锅炉停止工作,以防止系统干烧。

(19)压力安全阀(泄压阀)

当生活热水系统或供暖系统内部水压力过高时,压力安全阀打开,使压力降低,保证系统安全。

1.3.3　壁挂炉工作过程

1)供暖运行过程

按下"运行"开关—选择"供暖模式"—如果水位电极检测是有水状态时,水泵就开始运转(设有三通阀的会自动切换为"供暖侧")—供暖出水温度传感器测得水温为设定温度以下时,风机开始运转—电脑检测风机转速正常(或风压开关检测风压正常)后—脉冲点火器开始点火—电磁阀打开—电脑通过检测电极感应到有火焰后,对电磁阀保持供电—供暖出水温度传感器检测得水温与设定温度相近时,燃气比例阀及切换电磁阀会自动调节燃气量—供暖出水温度传感器测得水温比设定温度高时,电磁阀关闭,燃烧熄火,风机进行后续清扫动作后停止—熄火状态时,循环水泵继续运行—熄火几分钟后,如果供暖出水温度传感器测得水温低于设定温度时,将再次进行点火燃烧运行。

2)生活热水运行过程

热水龙头打开后,水量感应器检测到水流量高于启动水量时(设有三通阀的即向“热水侧”转换):①如果在供暖的熄火状态时,风机即开始运转—当电脑检测风机转速正常后,脉冲点火器开始点火—电磁阀打开—电脑通过检测电极感应到有火焰后,对电磁阀保持供电;②如果在供暖的燃烧状态时,将马上转换为热水燃烧模式—热交换器内的热水通过副热交换器循环,间接与冷水换热,热水龙头流出热水(部分两用壁挂炉热交换器设计不同,换热方法不同)—燃气比例阀及切换电磁阀根据热水温度传感器测得的水温与设定温度比较,自动地调节燃气量—热水龙头关闭后,水量感应器检测到水量在熄火流量以下,电磁阀关闭,燃烧停止,风机进行后续清扫动作后停止,循环水泵也同时停止—热水使用结束后,三通阀的位置将停留在“热水侧”,几分钟后,三通阀将自动地切换为“供暖侧”,再经过30秒后,继续运行供暖模式。

- 壁挂炉以生活热水使用为优先。

3)供暖温度调节

壁挂炉在采暖运行模式下,有两种调控方式,一种是根据壁挂炉的供暖出水口的温度,另一种是根据室内温度。

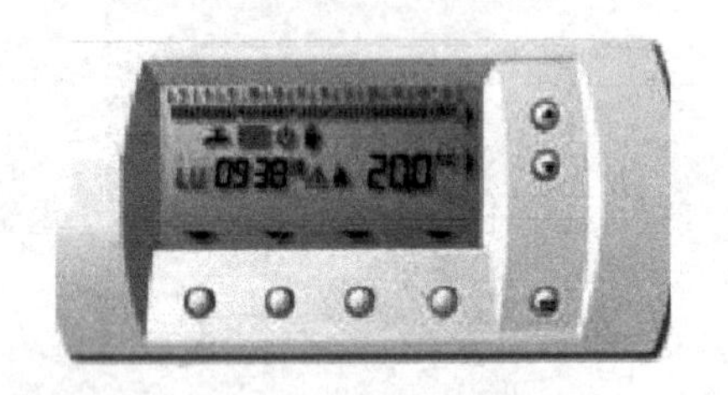

图1.25 温控器面板

(1)壁挂炉供暖出水口温度调节

出水口温度调节是一种常用的方法,无须外加控制元件,只需调节壁挂炉面板控制旋钮或按键便可,但不能准确控制需要供暖房间的室内温度。

(2)供暖房间室温调节

室温调节需要外加一个或多个温控器(图1.25)在不同的供暖的房间,可以选择不同的室内温度、供暖设定时间,从而节省能源。但此种方式需要安装引线连接壁挂炉,故初装费用比较昂贵。

1.4 其他家用燃气燃烧器具

家用燃气干衣机有干衣速度快、数量多、柔顺干爽等优点。

1)家用燃气干衣机分类

家用干衣机可根据气源种类、给排气方式、用途进行分类。

①按使用燃气的种类可分为:人工燃气干衣机、天然气干衣机、液化石油气干衣机。

②按安装位置或给排气方式分类:家用燃气干衣机,一般属于室内直排式燃具,热流量小于5 kW,亦可安装排烟管,将废气直接排出室外;不适合安装在卫生间。

③按用途可分为:燃气干衣机、燃气洗衣干衣两用机。

2)家用燃气干衣机构造(图1.26)

(1)废气导管

废气导管用于将湿热的烟气排出室外。

(2)马达

马达负责带动干衣鼓及废气扇叶转动。

(3)干衣鼓

干衣鼓将湿衣服在鼓内不断翻滚,热气与湿衣服充分接触,使衣服上的水分受热蒸发。

(4)废气扇叶

当扇叶转动时,废气扇叶将干衣鼓内的湿气加烟气排出。

(5)干衣鼓皮带断裂感应开关

该开关的作用是:当马达带动干衣鼓的皮带断裂,感应到故障,停止干衣机的运作。

(6)燃气燃烧器

燃气与空气在燃烧器中混合,火焰正常燃烧,产生热的烟气。

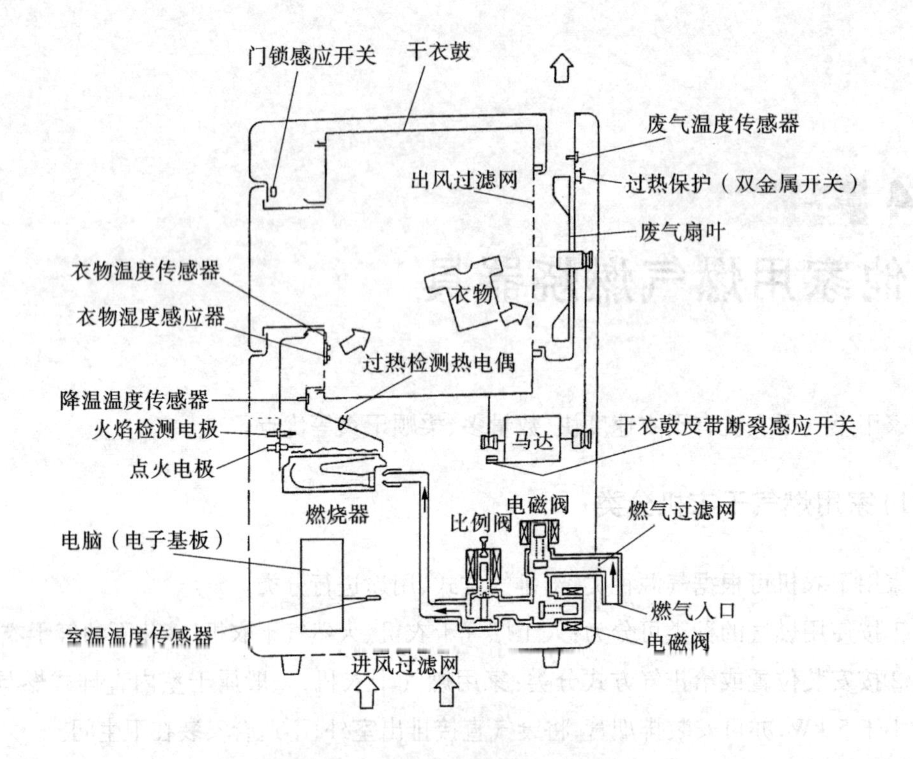

图 1.26　干衣机结构示意图

(7) 点火电极

从点火电极的最尖端释放出高压高温的电火花，引燃燃气。

(8) 电磁阀

电磁阀用于控制燃气的供应。

(9) 比例阀

比例阀利用电流的大小，控制阀门的开度，从而控制燃气的流量。

(10) 门锁感应开关

门锁感应开关用于检查干衣机门是否正常关闭，否则不让机器运作。

(11) 火焰检测热电偶

火焰检测热电偶用于检测火焰是否正常燃烧：当热电偶受热后输出电压增加，电脑检测到电压增加后，会保持电磁阀打开，让火焰不断燃烧。

(12) 过热检测热电偶

过热检测热电偶用来检测进空气口过滤网是否堵塞：当进空气口的过滤网堵塞时，燃烧室内温度不断升高，热电偶因受热会产生较高的电压，电脑检测到高电压后，会将供气电磁阀关闭，停止干衣机运作，并发出故障信号。

(13)降温温度传感器

降温温度传感器检测进入干衣鼓前的烟气温度：若烟气温度过高时，会将燃气量自动调小，调小以后温度还是过高，则会自动将机器停止，并发出“过滤网堵塞”故障显示。

(14)废气过热检测开关

当废气出口温度过高时，此开关会停止干衣机运作。

(15)衣物湿度传感器

该传感器设有电极装置于绝缘胶座上，在干燥情况下，两极电压为5 V，而两极间电阻值为9.1 MΩ，通过检测衣物接触电极时电极对其阻值及电压值而来判断干衣程序是否完成。

(16)衣物温度传感器

该传感器检查干衣鼓内衣物温度，判断干衣程序是否完成。

(17)废气温度传感器

该传感器检查废气出口温度，避免废气出口堵塞，产生危险。

3)家用燃气干衣机操作流程

打开电源—按下启动按钮—门锁感应开关检测正常—干衣鼓及风扇转动—内部电路安全自检—点火器点火—燃气电磁阀及比例阀打开—火焰感应电极检测火焰正常—比例阀根据降温温度传感器的数据调节燃气流量—衣物温度传感器及衣物湿度感应器不停检测，检测数据达到要求后关闭电磁阀、比例阀—熄灭燃烧指示灯—干衣完成。

4)安全装置

- 熄火检知装置(火焰检测电极)；
- 衣物温度检知装置(衣物温度传感器)；
- 过热检测开关；
- 门锁感应开关；
- 干衣鼓转带裂断感应开关；
- 过热检测热电偶；
- 过滤网阻塞检知装置(降温温度传感器)；
- 隔滤网阻塞警报器。

学习鉴定

1. 判断题

(1)按用途分类,燃气干衣机可分为燃气干衣机及燃气洗衣干衣机两种。 ( )

(2)当火焰检测电极受热时,内部输出电压会减小。 ( )

(3)湿度感应器是直接检测烟气中的湿气来判断衣服干的程度。 ( )

(4)降温温度传感器,是用来检测进口过滤网是否堵塞。 ( )

(5)干衣机的比例阀主要是用来控制燃气开关。 ( )

(6)温度保险丝能多次重复使用。 ( )

(7)比例阀的作用是控制水流量的多少。 ( )

(8)家用热水器代号中“JL”代表供热水和供暖的热水器。 ( )

(9)供暖热水循环系统分为“开放式”和“密闭式”两种。 ( )

(10)两用型壁挂炉可以共用一套热水水路系统。 ( )

2. 填空题

(1)要判断衣服是否完成干衣程序的电子元件是________及________。

(2)干衣机是根据湿度感应器的________和________来判断干衣程度。________是用来调控燃烧器火焰大小。

(3)带动系统中水循环装置是________。________是用来自动排除系统内部的空气。

(4)壁挂炉的温度保险丝是因为________过高而熔断的。

(5)家用热水器按用途分类有供热水型、________、两用型。

(6)________开关是用来保护壁挂炉不会因为水温过高而产生危险。

3. 选择题

(1)家用燃气灶由( )组成。

A. 燃烧系统、供气系统、点火系统

B. 燃烧系统、供气系统、辅助系统

C. 燃烧系统、点火系统、辅助系统

D. 燃烧系统、供气系统、点火系统、辅助系统

(2)家用天然气燃气灶的额定压力为(　　)。

A. 800 Pa　　B. 1 500 Pa　　C. 2 000 Pa　　D. 2 800 Pa

(3)良好燃烧的火焰其形态应该是(　　)。

A. 火苗呈蓝色,内外焰清晰　　B. 火焰呈黄色

C. 火焰面积大　　D. 火焰飘忽不定

(4)天然气燃气灶的报废年限是(　　)。

A. 6 年　　B. 7 年　　C. 8 年

(5)衣服温度传感器会在不同的温度改变内部的(　　)。

A. 电压　　B. 电流　　C. 电阻　　D. 耐压值

(6)检查燃烧器火焰是否燃烧的装置是(　　)。

A. 点火电极　　B. 双金属开关

C. 过热检测热电偶　　D. 火焰检测电极

(7)按用途分类燃气干衣机可分为(　　)种 。

A. 1　　B. 2　　C. 3　　D. 4

(8)负责检测“进风口过滤网”的电子元件是(　　)。

A. 废气温度传感器　　B. 双金属开关

C. 降温温度传感器　　D. 火焰检测电极

(9)燃具型号“JSTD5-B”,“JS”表示(　　)。

A. 水阀门　　B. 燃气沸水器　　C. 燃气热水器　　D. 燃气热源机

(10)两用热水器的代号是(　　)。

A. LN　　B. JL　　C. JS　　D. JN

(11)负责检查火焰是否正常燃烧的设备是(　　)。

A. 电磁阀　　B. 双金属开关　　C. 变压器　　D. 火焰检测热电偶

(12)当供暖系统内水压过高时,(　　)打开,将水压降低,保证系统安全。

A. 温度保险丝　　B. 三通阀　　C. 补水阀　　D. 压力安全阀

(13)家用热水器按用途分类,有(　　)种。

A. 1　　B. 2　　C. 3　　D. 4

(14)水流量传感器的作用是,检测(　　)是否足够,才启动热水器。

A. 供暖系统的水流量　　B. 供暖系统的水压

C. 生活热水系统的水流量　　D. 生活热水系统的水压

4. 问答题

(1) 试简述安装在壁挂炉内的密闭式膨胀水箱的工作原理。

(2) 熄火保护灶为什么打火时需要多停留一段时间？

(3) 试简述衣服湿度感应器的工作原理。

教学评估

等　级	考核项目	已 掌 握	未 掌 握
初级	1. 家用燃气灶具的分类方式 2. 强排式热水器和烟道式热水器安装方式		
中级	1. 家用燃气灶具的编制形式 2. 家用燃气灶具的质量要求 3. 热水器的基本结构 4. 家用壁挂炉的结构		
高级	1. 家用燃气灶具的燃烧部分 2. 燃气热水器安装位置和给排气方式分类 3. 家用快速热水器技术要求 4. 壁挂炉工作过程		

2 商用燃烧器具

核心知识

- 炒菜灶的基本组成及性能
- 引射式燃烧器,鼓风式燃烧器

学习目标

- 了解常见商用燃气燃烧器具
- 了解不锈钢中餐炒菜灶的燃烧器

2.1 炒 菜 灶

炒菜灶也叫中餐燃气炒菜灶,适用于爆、炒、煎、炸、煮等多种烹饪工作,火焰集中,火焰大小便于调节,使用范围较广。

炒菜灶的燃烧器燃烧方式一般采用引射式或鼓风式燃烧。中餐炒菜时一般用引射式燃烧器,如需加热迅速、火力集中,则多用鼓风式燃烧器,有时两者也混用。

炒菜灶按炉体的构成材料可分为砖砌型和不锈钢型二种。

2.1.1 砖砌型燃气炒菜灶

砖砌型燃气炒菜灶多用于建筑时间较早的食堂内(大多建于20世纪60—70年代),主要以砖石(主要是红砖、耐火水泥)为主的材料垒建而成;或直接由燃煤块炉改造而来,在其外部加装燃气管道和阀门,其特点是:结构简单,修建成本低,维修也很方便。

砖砌型燃气炒菜灶一般使用焦炉煤气为气源,燃烧器为引射式,多采用立管式燃烧器;按煤气出火孔的孔数(出火咀)分为7咀、18咀、24咀等;点燃方式多采用直接引燃方法,即火柴或点火棒直接点燃主火或长明火,通过炉灶开关调节火焰大小。其缺点是关火时熄火噪音大、外型不够美观、打扫卫生不方便等。近年来,随着食堂改造翻新及不锈钢材料的使用,砖砌型燃气炒菜灶的使用者逐渐减少,维修配件较难买到,在大城市中已很少使用。

2.1.2 不锈钢中餐燃气炒菜灶

不锈钢中餐燃气炒菜灶是使用最为广泛的一种燃气设备,灶面采用不锈钢板、框架一般用40 mm×40 mm角钢、支承锅用炮台及燃烧器由铸铁等金属材料构成。

按使用的火眼数量可分为:单眼炒菜灶、双眼炒菜灶、三眼炒菜灶及多眼炒菜灶等。标准(CJ/28—2003)中规定额定热负荷小于或等于60 kW的炒菜灶适用本标准,且燃烧后在过剩空气系数$\alpha=1$时烟气中一氧化炭含量(体积分数)不大于0.1%。

炒菜灶的型号编制:

如其型号编制为:

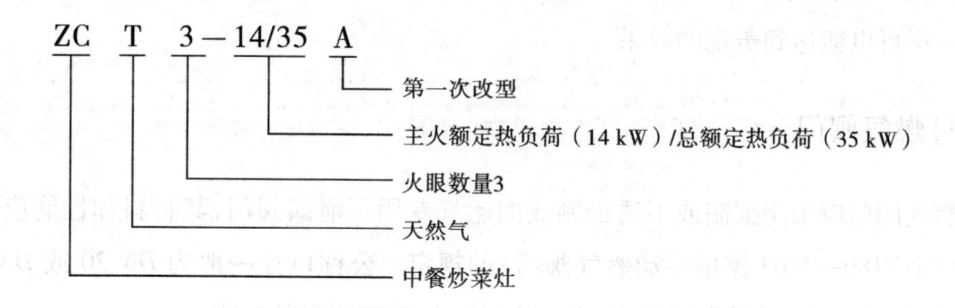

中餐烹饪中一般使用双眼炒菜灶或三眼炒菜灶较多。三眼不锈钢中餐燃气炒菜灶也称三眼炒菜灶,是由二个主火和一个次火组成(二主一次),外型尺寸多为1 800 mm×1 000 mm×750 mm。主要部件有:燃烧器、燃气阀门、锅支架、水嘴(俗称水咀)、长明火、点火棒等。

1)燃烧器

不锈钢中餐燃气炒菜灶的燃烧器多采用引射式和鼓风式燃烧两种。

(1)引射式燃烧器

引射式燃烧器由喷嘴、引射器、头部、火盖组成。利用燃气在一定压力下从喷嘴流出,靠自身的能量引入一部分空气后混合,从燃烧器头部火孔流出后燃烧。燃烧器的特点是能稳定燃烧,且不应出现回火、脱火、黄焰等现象。多采用易于加工的火盖与燃烧器头部分开的结构型式,材料多为铸铁。使用时打开灶面板上燃气阀门,通过长明火或点火棒引燃燃烧器,并可根据需要调节火焰大小。

(2)鼓风式燃烧器

鼓风式燃烧器由喷嘴、鼓风头、风盒、长明火、调风阀、鼓风机等组成，依靠鼓风机供给空气，燃烧前燃气与空气未完成预混。特点是燃烧器结构较紧凑，当燃气与空气混合得较好时，燃烧效率高、火焰稳定性好、火焰较短且热强度较高。但这种燃烧器需配有鼓风机、电源，且噪音比较大。使用时，首先点燃长明火、打开鼓风机，开启灶面板上燃气阀门，然后调节调风阀开度，使火焰达到正常燃烧状态。

2）锅支架

锅支架（俗称炮台）外型采用圆桶型或圆台型，用铸铁制成。两侧各有一矩型孔起到排出烟气、通风的目的。锅支架有内外二层，内层用耐火水泥围成，起到保温、隔热、耐烧（保护外层）的作用；外层铸铁圈，壁厚约 10 mm，起到支承锅、桶及耐磨的作用，最外面一层可电镀达到美观的效果。

3）燃气阀门

燃气阀门应采用铜制或不锈钢制成的燃气专用不泄漏阀门，其材料和性能应符合标准（CJ/T180—2003 家用手动燃气阀门）的规定。公称口径一般为 *DN* 20 或 *DN* 15。多个阀门的开、关方向布置应在灶具面板上一致，并有明显的标志。

2.2 大 锅 灶

大锅灶一般分为砖砌大锅灶和不锈钢大锅灶。

1）砖砌大锅灶

砖砌大锅灶与砖砌燃气炒菜灶的建造材料、使用方法、燃烧器形式大致一样，通常有单眼和双眼两种。锅的直径多为 800 mm、1 000 mm，燃烧器采用人工点火，灶体外侧周围设有通气孔并连接排烟道，可将燃烧后的烟气排出并送至室外。在城市中使用砖砌大锅灶已不多见。

2)不锈钢大锅灶

不锈钢大锅灶灶面采用不锈钢板制成;排烟道设在灶的背板上,通过集中式排风罩将烟气排出室内;燃烧器形式与不锈钢中餐燃气炒菜灶一样,多采用引射式和鼓风式两种。不锈钢大锅灶通常也有单眼、双眼两种,单眼大锅灶的外型尺寸约为 1 300 mm×1 300 mm×700 mm,锅的直径多为 800 mm、1 000 mm。其使用方法也大致同不锈钢中餐燃气炒菜灶,另使用时由于主火燃烧器火焰不易观查到,应先用点火棒通过点火孔将长明火点燃,确认后再点燃主火,使用完毕后应及时关闭灶前燃气阀门。

其他商业用燃气燃烧设备常用的还有开水炉、西餐灶、蒸(烤)箱灶、烤鸭(猪)炉、低汤灶、砂锅灶等。

学习鉴定

1. 填空题

(1)常用的商业用燃烧设备有__________、__________、__________等。

(2)中餐燃气炒菜灶的燃烧器燃烧方式一般采用__________燃烧和__________燃烧。

2. 选择题

标准(CJ/28—2003)中规定炒菜灶的型号编制:ZCT 3-14/35 A 中,T 代表(　　)。

A. 焦炉煤气　　B. 天然气　　C. 液气石油气

3. 问答题

引射式燃烧器主要由哪几部分组成?

教学评估

等　级	考核项目	已 掌 握	未 掌 握
初级	炒菜灶型号及燃烧器		
中级			
高级			

3 燃烧器具的点火装置和安全自控装置

核心知识

- 用燃烧器具与商用燃烧器具的点火装置与安全自控装置

学习目标

- 了解自动点火与熄火保护装置的种类、主要结构及工作原理
- 了解压电陶瓷点火装置和脉冲点火装置的使用与维修

3.1 概　述

随着各式电气产品更新换代加快，燃气器具也在不断改进、提高，特别是家用及商用燃烧器具在使用上不仅要求美观、整齐、大方、实用，更将安全放到重要位置。在安全控制方面，出现了自动点火、智能控制（如熄火保护、过热保护、缺氧保护等）装置。

1）自动点火的种类

自动点火在家用及商用燃烧器具上普遍使用：从早期的电火花式（使用火石）、电加热丝式、采用汽车点火线圈的脉冲式等，到现在大量应用的压电陶瓷式和使用电源的电子脉冲式点火。

2）安全自动控制装置

家用及商用燃烧器具上一般采用能自动点火和在火焰意外熄灭后能自动关断燃气阀门的装置。特别在商用燃烧器具上还会增加程序控制、光电控制、温度自动控制、时间及温度显示、定时开关、报警等装置。

如早期进口的燃气沸水器、热水器上都安有“双金属片”式（热敏式）自动熄火控制装置。它的原理是，由两种膨胀系数不同的金属材料制成，在温度的作用下，膨胀系数大的金属一面会向膨胀系数小的金属一面弯曲，当温度降低时，原已膨胀弯曲的金属又会慢慢地恢复到原来的状态，燃气设备正是利用这一特性通过连杆来关断燃气阀门，因此双金属片又称为记忆合金。它的优点是结构简单、成本低；缺点是热惰性大、反应速度慢。

近年来，热电偶式熄火保护装置和火焰电离式熄火保护装置在家用及商用燃烧器具上使用较多。

3.2 基本原理

3.2.1 自动点火的基本原理

目前,在家用及商用燃烧器具上使用较多的是压电陶瓷式自动点火和电子脉冲式自动点火装置。

1)压电陶瓷式自动点火装置

压电陶瓷本身是一种能够将机械能(冲击)转变为电能的化学材料,广泛应用于机械、电子、航天、军事及民用(燃烧设备、打火机等)。利用其具有的压电效应,通过撞击使压电陶瓷内部晶格发生变化,瞬间产生大量电荷后释放,其电压达到1.3万伏左右,形成单次火花。

压电陶瓷式自动点火装置一般由压电陶瓷元件、冲击锤、弹簧、凸轮、高压导线、放电针及燃气阀门等组成。使用时,拨动凸轮使冲击锤带动弹簧压缩,待凸轮通过最高点时,被压缩的弹簧推动冲击锤冲向压电陶瓷元件一侧电极,利用压电陶瓷的特性,瞬间将高电压通过高压导线、放电针释放,点燃燃气。压电陶瓷点火器结构紧凑,点火率高,工艺简单,成本较低。

2)电子脉冲式自动点火装置

电子脉冲式自动点火装置采用市电或电池供电,是家用及商用燃烧设备上使用较多的一种点火控制装置,由电源变压器(电池)、电子控制盒、微动开关、高压导线、放电针等组成,通常与燃气阀配合达到自动点火和熄火保护的作用。

使用时,打开燃气炉上燃气旋钮,通过挤压微动开关接通电源,使电子控制盒内元件(采用晶体管作振荡或集成块作振荡将电压提高)产生电子脉冲式火花,通过高压导线、安放在燃烧器附近的放电针后释放,点燃燃气。

3.2.2 安全自动控制装置的基本原理

安全自动控制装置是指当燃烧设备意外熄火时,能自动关闭燃气阀门的控制装置。常用的熄火保护装置有热电式、电离式、热敏三种。

1)热电式熄火保护装置

热电式熄火保护装置主要由热电偶、电磁阀两部分组成。

热电偶通常是由两种不同的合金材料焊接而成(常见有镍铬—镍硅、镍铬—铜镍等)。由于两种不同金属所携带的电子数不同,产生的热电势也不一样,当火焰加热时两个导体之间存在温差时,就会发生电子数(热电势)由高电位向低电位移动现象。温度越高,电子移动越多,电流越大,这种现象叫热电效应。热电偶就是利用这一原理工作的。

电磁阀体主要由U形铁芯、衔铁、端盖、壳体、弹簧、顶杆、密封垫等组成。U形铁芯两端绕有线圈,衔铁通过顶杆与密封垫连接。

热电式熄火保护装置工作原理(图3.1)是:将电磁阀固定在燃气灶的旋塞阀内控制燃气通路,热电偶头部则固定在燃气灶燃烧器附近,热电偶的一端与电磁阀阀体连接。使用时,按压旋钮并旋转,在按压的同时,旋塞阀内的顶杆将电磁阀内U形铁芯、衔铁相互接触;当燃烧器被点火火花点燃时,通过被加热的热电偶所产生的热电势,使阀内线圈产生磁场令U形铁芯与衔铁吸合;当足以保持电磁阀在吸合状态时松开旋钮,这时燃气炉正常工作。燃气灶在正常工作中发生意外熄火时,热电偶头部温度慢慢降低,热电势也随之减弱直至消失,电磁阀因电流减少而磁性减弱,在弹簧力的作用下推动顶杆利用密封垫将燃气通路自动关闭,防止燃气向外泄漏,达到安全保护的作用。

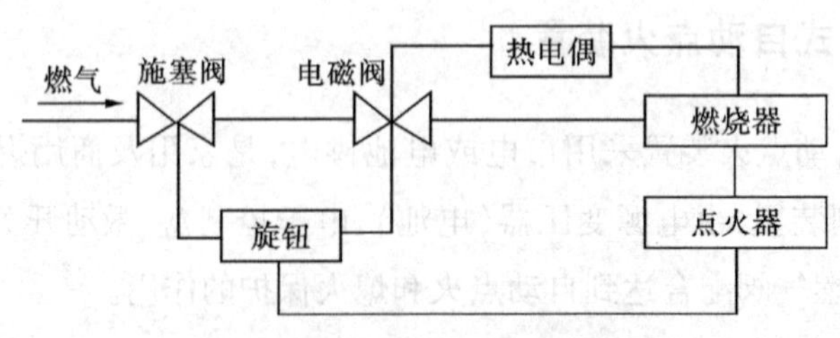

图3.1 熄火保护装置工作原理图

国标(GB 16410—2007)《热电式燃具熄火保护装置》中规定:开阀时间≤15 s、闭阀时间≤60 s。热电式熄火保护装置因其结构简单,安装方便,成本低,目前已在家用及商用燃烧设备上被广泛使用。

2)电离式熄火保护装置

电离式熄火保护装置一般都与自动点火装置配合组成。点火功能电路和安全保护功能电路结合在一起,作为燃气炉安全自动控制装置,使炉具的安全保护功能更加完善。

其构成与电子脉冲式自动点火装置基本相同,只是在电子控制盒内增加了火焰熄灭后将信号传给电磁阀的功能,达到关闭燃气阀门的目的。

电离式熄火保护装置的工作原理是:按下燃气旋塞阀并旋转通过微动开关接通电源,燃气出现并被电火花点燃;由于燃气在燃烧时火焰带有离子并具有单向导电特性,电离子通过放电针(火焰探测针)传到熄火保护装置内部的电子控制盒中产生正确的电子回路,并带动执行元件(电磁阀)将燃气阀保持畅通状态。而当火焰意外熄灭时,正确的电子回路被阻断,电磁阀通过电子控制盒内发出的信号,可在0.1秒内迅速切断燃气阀门达到安全使用目的。

这种安全保护方式最早被应用在燃气热水器上,并已由早期的直流感应发展到现在的交流感应,使可靠性得到了大幅度的提高。该装置具有结构简洁、安装方便、热惰性小、响应速度快等优点,而且还能够增加报警、闹钟、与排风扇联动等功能。随着电子元器件可靠性增加、集成化的普及,采用电子形式的安全自动控制装置将是发展趋势。

3)热敏式熄火保护装置

热敏式(双金属片式)熄火保护装置由两种不同膨胀系数的金属制合而成,在温度的作用下,膨胀系数大的金属一面会向膨胀系数小的金属一面弯曲,当失去温度时,原已膨胀弯曲的金属又会慢慢恢复到原来的状态,因此双金属片又称为记忆合金。

将双金属片用作安全保护装置的传感器,正是利用了双金属片在温度作用下膨胀弯曲的特性。双金属片保护装置的优点是结构简单、成本低。缺点是安装困难,对双金属片的安装位置及旋塞阀和燃气阀的配合都有很高的要求;且热惰性大,开阀及闭阀的时间较长;使用寿命短。

3.3 技术发展情况

3.3.1 点火装置的技术及发展状况

目前我国城市居民普遍以燃气作为厨房烹饪能源,其使用的燃气设备普遍有自动点火功能。国外20世纪60年代生产的燃具就已带有自动点火装置,如:火石点火、电热丝点火,到后来较多地采用压电陶瓷点火、电脉冲点火等,尤其在家用灶上多使用成本低、易于安装的压电陶瓷点火方式。

北京在1980年以前,居民普通使用"64型" 铸铁灶,食堂使用一些简易铁板灶或砖砌的炉灶,根本没有自动点火。20世纪70年代南方出现的"搪瓷" 灶、"烤漆" 灶等单、双眼灶,也只是外形改善,还是没有自动点火功能,仍需要用火柴、点火枪点火。1980年后,随着改革开放,大量普遍装有自动点火装置和其他安全装置功能的进口燃气设备进入国内。自2000年以来,微波炉、电磁灶、烤箱等自动化程度高的家用电器逐渐进入家庭。在燃气灶上的品种也更为多样化,其自动点火装置通常采用压电陶瓷式或电脉冲式。

压电陶瓷元件主要由"锆钛酸铅"、"铌镁酸铅" 等材料制成。压电陶瓷材料是一种具有压电效应的无机非金属材料,它是能够将机械能和电能互相转换的功能陶瓷材料。该元件在设计初期其点火放电次数也就几万次,随着材料的改进,现在普遍点火次数都在十万次以上,有些采用新材料制成的甚至达到百万次以上,因其结构简单、成本低,普遍用于工业、国防及家用。

目前,压电陶瓷的主要原料还包括铅等有毒物质,但将会被具有环保、高效能等新特性的无铅压电陶瓷替代。随着国内电子元器件质量可靠性增加及集成化的普及,以电子形势出现的安全自控被广泛应用在石油、化工等大型工业炉上及家用、商用燃气设备上，并且集成了自动点火、火焰检测、光电控制、自动调节、声光报警等功能。具有高自动化、高性能、高可靠性、低成本、微功耗等性能良好的产品是将来发展的方向。

3.3.2 安全控制装置的技术发展情况

燃气作为一种生活必需品进入千家万户，给人们带来方便的同时，由于燃气的特点，也给人们带来了安全隐患。因此，厨房燃气设备除能满足各式烹饪要求外，在使用安全上也是非常重要的。

目前在家用燃具上使用较多的是结构简单、成本低、便于维修的热电偶式熄火保护装置；随着电子元器件及集成电路的可靠化、小型化，采用电离子检测熄火保护装置的燃气设备使用也更加广泛。

燃气灶在使用中很可能因为以下缘故造成燃气泄漏

(1)安装位置不正确——与窗或门等空气流动较大的地方位置过近；

(2)燃气意外熄灭漏气——可能是外面施工或锅内液体涌出；

(3)胶管折扭老化漏气——紧固胶管的喉箍损坏造成胶管脱落，或由于使用年限过长造成老化开裂；

(4)使用疏忽——打火时，以为已点燃，但未着火，造成燃气泄漏。

随着国内燃气设备的普及，安全意识的提高，在安全控制性能上吸取国外先进技术逐渐加入一些如温度控制、缺氧保护、过热保护、熄火保护等功能，这些安全装置的使用能及时果断切断泄漏燃气，避免造成人身伤害。例如台湾生产的一种防漏气的阀门内置了一个玻璃球，当正常使用时，玻璃球在阀内某一位置，但当燃气胶管脱落时，造成超量燃气流过阀门通路时，会将玻璃球快速推向阀口，阻断燃气通过，确保安全。

现代技术发展带来生活水平的提高，各种实用、方便和安全可靠的安全控制装置会不断出现。在提高产品工艺的同时，安全控制装置标准也会逐步完善。日本和欧洲国家就通过立法，使无熄火保护的灶具不得出售。利用现代技术和工艺生产智能化、多功能化的燃气设备是我们努力的方向。

3.4 使用与维修

3.4.1 自动点火装置的使用与维修

燃气设备中常用的自动点火装置有压电陶瓷式自动点火装置和电子脉冲式自动点火装置等。

自动点火装置在使用方面应注意:使阀门、开关保持清洁、转动灵活,电源导线应包裹好,放电针头部保持干净,防止液体进入电源控制部分。出现问题时,应及时与供应商或燃气公司联系,请专业人员维修,待故障排除前不要使用。

1)点火失效原因

(1)压电陶瓷点火装置的失效原因

• 燃气气路问题:

气源开关未开或气压不足;

胶管压扁、扭折或堵塞;

气压太高造成气流速度太快,冲击电火花;

点火喷嘴太大,造成气流过大,冲击电火花;

点火喷嘴堵塞,气流无法通过。

• 电路系统问题:

压电陶瓷与壳体接触不良;

输出高压导线老化破损,造成短路打火;

高压电极间隙不合适,点火针与高压导线松动。

• 点火装置内部问题:

压电陶瓷元件损坏;

冲击锤、凸轮磨损或破裂;

壳体开裂。

(2)电子脉冲式自动点火装置的失效原因

• 燃气气路问题：

同压电陶瓷点火装置的燃气气路问题。

• 电路系统问题：

电路系统接触不良，插接件脱落或松动；

电池或电源无电、电压不足、保险损坏；

输出高压导线老化破损，造成短路打火；

高压电极间隙不合适，点火针与高压导线松动。

• 点火装置内部问题：

电子控制盒内部元器件损坏；

微动开关接触不良。

2)点火装置故障的维修

首先了解待修炉灶的点火类型，并询问点火装置故障情况，然后可依次检查：气路—电源(电池)—连接导线及插接件—放电针与燃烧器间燎—微动开关—压电陶瓷组件或电子控制盒—高压导线与放电针是否接触牢固，其他有可能引起点火失败的原因。

点火装置故障常见的原因及维修方法见表3.1。例如：点火时出现点火针没有电火花的情况，可依次判断电源是否接通—电池是否有电—旋钮下微动开关是否接触良好—高压导线是否漏电并与放电针连接是否牢固—放电针间隙是否合适或之间是否有异物等。

表3.1 点火装置故障维修方法

故障现象	故障原因		维修方法
电极间有火花	气路问题	气源开关未开或气压不足	打开气源开关或更换新钢瓶或询问当地燃气公司
		胶管扭折或堵塞	矫正或更换胶管或清除异物
		气压太高	适当调整气源开关开度，以降低气压
		点火喷嘴太大	更换点火喷嘴
		点火喷嘴堵塞	清理点火喷嘴

续表

故障现象	故障原因		维修方法
电极间无火花或火花微弱	电路问题	无电池或电池电压过低或电池装反	更换电池,正确安装电池
		电源线脱落或松动	用力插紧或捆扎牢固
		输出电缆破损	更换电缆或将破损处用绝缘胶布包好
		电极间隙不合适	调整放电间隙至合适距离
		放电针与高压导线接触不牢	插牢或去掉破损部分
		电子控制盒无信号输出	更换电子控制盒
	总成内部问题	总成内部撞击块磨损或破裂	更换撞击块
		总成微动开关接触不良	更换微动开关
		压电陶瓷损坏	更换压电陶瓷元件
旋钮开关旋不动		总成开关卡死	拆卸总成,加润滑脂并重新装好
		开关旋钮、零部件损坏	更换零部件或总成

3.4.2 安全自动控制装置的使用与维修

安全自动控制装置基本上是与自动点火装置配套使用的,增设了温度控制、缺氧保护、过热保护、报警、熄火保护等功能。

1)熄火保护装置失效原因

图3.2为采用热电偶的熄火保护装置的结构示意图。工作正常时,小火火焰正常燃烧,热电流产生的电磁力使衔铁与铁芯保持吸合状态,燃气畅通;若火焰熄灭,电磁力消失,衔铁与铁芯在弹簧的作用下脱离,密封垫将燃气通道切断。

(1)热电偶式熄火保护装置失效原因

气压变化导致火焰长短变化;

热电偶位置改变;

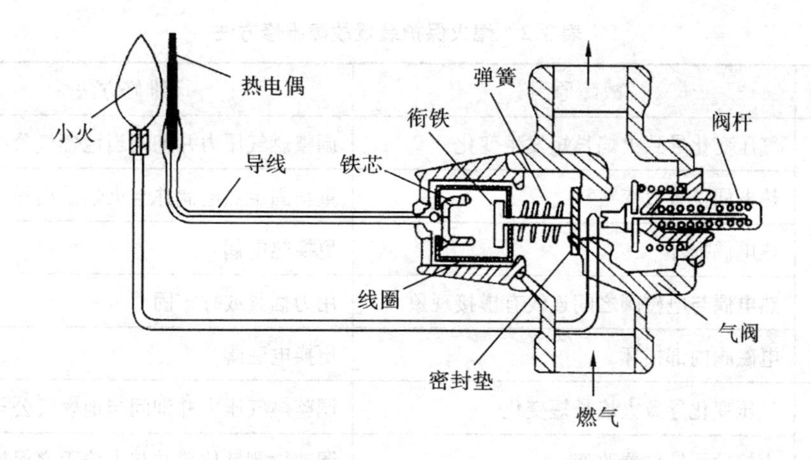

图 3.2 采用热电偶的熄火保护装置结构图

热电偶损坏;

热电偶与电磁阀之间连线有虚接现象;

电磁阀内部损坏。

(2)电离子式熄火保护装置失效原因

气压变化导致火焰长短变化;

火焰检测针位置改变;

火焰检测针损坏;

电源(电池)无电,电压不足、保险损坏;

电路系统接触不良,插接件脱落或松动;

电子控制盒内部元器件损坏。

(3)出现熄火保护阀常闭故障的原因

火焰非正常加热热电偶;

热电偶与电磁阀之间连接松动;

热电偶损坏;

电磁阀内部故障等。

2)熄火保护装置故障的维修

熄火保护装置常见的故障原因及维修方法见表 3.2。

表 3.2　熄火保护装置故障维修方法

安全装置	故障原因	维修方法
热电偶式熄火保护	气压变化导致火焰长短发生变化	调整燃气压力并询问当地燃气公司
	热电偶位置改变	重新固定热电偶并与火焰距离保持最佳
	热电偶损坏	更换热电偶
	热电偶与电磁阀之间连线有虚接现象	用力插紧或拧牢固
	电磁阀内部损坏	更换电磁阀
电离子式熄火保护	气压变化导致火焰长短变化	调整燃气压力并询问当地燃气公司
	火焰检测针位置改变	调整检测针位置并与火焰距离保持最佳
	火焰检测针损坏	更换火焰检测针
	火焰检测针与高压导线接触不牢	插牢或去掉破损部分
	电源(电池)无电,电压不足,保险丝损坏	检查电源更换保险丝
	电路系统接触不良,插接件脱落或松动	用力插紧或拧牢固
	电子控制盒内部元器件损坏	更换电子控制盒

3.4.3　注意事项

(1)在对点火装置进行维修前,应仔细阅读使用说明书;

(2)由于脉冲式点火装置的控制盒内有较高电压,维修时应尽量避开,或采取绝缘措施;

(3)维修中试点火时,人身要远离燃烧器,以防烧伤;

(4)维修后所有导线应捆扎牢固,保证隔热、绝缘等良好;

(5)如燃具长期不用,应将电源断掉、电池取出。

学习鉴定

1. 填空题

(1)常用的自动点火装置是________、________;

(2)常用的熄火保护装置是______________、______________。

2. 选择题

国标(GB 16410—2007)《热电式燃具熄火保护装置》中规定:开阀时间≤(　　),闭阀时间≤(　　)。

A. 15 s,60 s　　　　B. 60 s,15 s

3. 问答题

简单描述热电偶的热电效应。

教学评估

等 级	考核项目	已 掌 握	未 掌 握
初级	1. 压电陶瓷自动点火装置原理 2. 热电式熄火保护装置原理		
中级	1. 自动点火装置基本原理 2. 电离式熄火保护装置基本原理 3. 热敏式熄火保护装置基本原理		
高级	1. 自动点火装置的使用与维修技术 2. 安全自动控制装置的使用与维修技术		

4 燃烧设备间的通风与排烟

核心知识

- 通风与排烟的重要性
- 通风与排烟的方式和措施

学习目标

- 认识通风与排烟的重要性
- 撑握通风与排烟的方式和措施

4.1 通风与排烟的重要性

房间内为什么需要通风和设置烟道？人类生存最基本的条件是空气、水和食物，这三者缺一不可。空气中氧气约占21%，其余大部分是氮气和少量其他气体。一个正常人在缺氧5~6分钟的情况下，生命延续的机会很小；即使不致死亡，脑部组织也会造成永久性的损伤，其后果也很严重，故此必须重视室内通风。

燃气燃烧器具以气体燃料在器具上燃烧生产热能，在燃烧使用时，一定会产生燃烧产物。充分燃烧时，其燃烧产物是无毒气体，但如果燃烧时空气中的氧分不够，且燃烧产物不能被带走，会产生以下的问题：

因缺氧而产生不完全燃烧；

不完全燃烧产生有毒气体；

附近空气被污染；

燃气设备无法正常工作。

避免上述问题，必须保证：

及时排出燃烧产物；以同等体积的清新空气补充排走的燃烧产物。

实现方式一是安装烟道，将燃烧产物直接带至室外大气中；二是在使用燃气用具的房间或间隔内，开通一个通风口用以提供清新空气。

防排烟系统：按建筑规范要求，在建筑物中必须设置的所有防烟设施组成的系统和所有排烟设施组成的系统叫防烟系统和排烟系统。

作为一个燃气技术人员，无论在任何地方维修保养燃气设施都必须确保现场设施能有效清除燃烧产物，给燃气用具提供足够空气燃烧和确保燃气用具的房间有足够的空间作为通风用途。见图4.1。

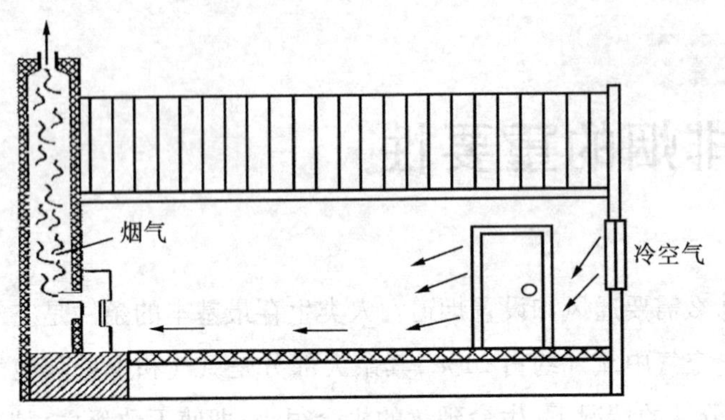

图4.1 房间的排烟系统示意图

4.2 通风与排烟的方式和措施

4.2.1 家用燃具的通风与排烟

家用燃具获取空气助燃剂及排出燃烧产物的方式，分为三大类型：

①直排式：燃烧所需的空气取自燃气用具安装的同一个房间，燃烧的产物同时排放在同一空间。例如家用灶具便是采用直排式烟道。

②烟道式：设有烟道的燃气用具，在燃烧时助燃空气取自燃气用具安装的同一个房间，但燃烧产物经烟道排放于室外，这类型的烟道在某一程度上有助于房间的通风，见图4.2。家用室内型燃气热水器中的自然排气式、强制排气式是采用烟道式烟道。

③密闭式（平衡式）：助燃空气直接从室外提供，燃烧的产物将从另一管道排出室外。

1）开式烟道

开式烟道排烟的原理是利用高温的烟气密度比室外较冷的空气密度小，从而形成一种空气动力；如果需要增加此动力，可以增加烟道的垂直高度或增加烟气的温度。烟道的排放减少与烟道冷却下来和烟道出现太多的阻力有关，例如水平管过长或90°转弯的出现等。

开式或大气式烟道包括四个主要部分：风帽、防倒风罩、第一烟道和第二烟道（图4.2）。其中烟道和防倒风罩一般都属于燃气用具的配件，其尺寸适合于安装的要求。

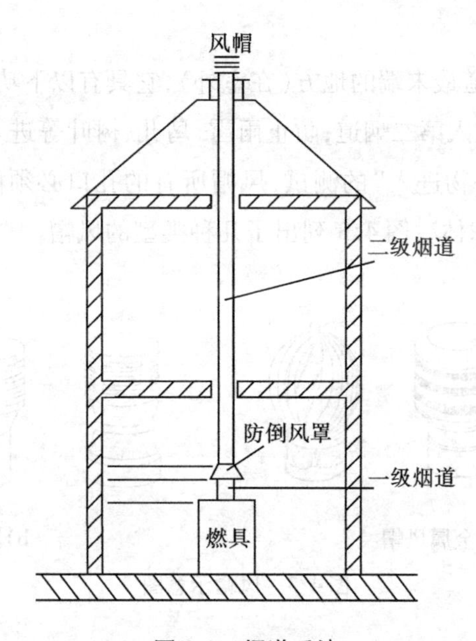

图4.2　烟道系统

（1）第一烟道

燃气用具开始燃烧时，烟气会首先通过第一烟道向室外排放，它是燃气用具中的一个部件，一般都与燃烧室相连，做为燃烧室的一部分。

（2）第二烟道

第二烟道的作用是从防倒风烟罩稀释烟气成分及把它排往风帽处。水平走向烟道往往对排烟能力并没有什么贡献，但可提供一定的排烟阻力从而减少烟气的流速。

弯头和其他烟道配件同样对流速有一定的阻力，因此烟道的设计除考虑外观性、稳固性和出口位置等,还应尽可能使用垂直烟道及减少弯头数量。第二烟道与防倒风烟罩连接后,必须采用垂直路线,为了保持烟气的温度,所有烟道应在室内布置。这样可增加气体动力便于排烟。

(3)防倒风罩

所有烟道式燃气用具,除了焚化炉和烟道式供暖炉外都装设有防倒风烟罩,一般都装设在燃气用具之中,当它与燃气用具分开装设,一定要把烟气出口完全包围起来。防倒风烟罩有三种功能:①当室外风压过大会出现倒风,此时强风通过这个装置后分流到燃气用具的两侧,不对燃烧过程产生影响。②在排烟过程中产生一些牵引力把部分的空气引入第二烟道将内里的烟气稀释;另可借助空气的进入同时带走水蒸气,对水气凝结都有一定的帮助。

(4)风帽

风帽装置在第二烟道最末端的地方(在室外),它具有以下功能:协助第二烟道排放烟气;减少室外强风倒流入第二烟道;防止雨雪、鸟儿、树叶等进入烟道引起阻塞。合乎标准的风帽必须通过“外物进入”的测试,风帽所有的孔口必须能通过直径 6 mm 的球体,且不能通过 16 mm 球体。图 4.3 列出了几种类型的风帽。

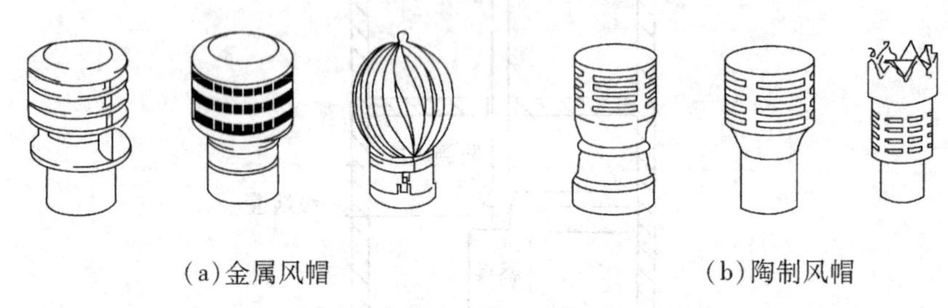

(a)金属风帽　　(b)陶制风帽

图 4.3　风帽示意图

2)密闭式烟道

密闭式烟道也称为平衡式烟道,它的优点是可以解决烟道式烟道排烟时所遇到的一些困难。平衡式烟道与燃烧室是一个整体,提供助燃的空气与燃烧后的产物都能够在同一空间中通过,所以其实用性、安全性都是替代烟道式烟道的理由。

图 4.4 所示是一典型自然平衡式烟道的操作原理。烟气从中间较细的烟道排放至室外,同时因排出部分烟气而令炉内空气压力降低,所以新鲜空气会从烟道两侧进入炉内补充,令气压与室外达到平衡。该类烟道的末端是燃气用具固有的一部分,安装必须注意:

①燃烧产物不能再次进入建筑物内；

②烟道末端必须接触到自由流动的空气；

③烟道末端其临近的或对面的障碍物不能影响空气的平衡；

④平衡式烟道对烟气稀释比烟道式小，所以烟道出口温度相对比较高，如安装在离地面 2 m 高度之内，必须加装一个保护罩防止行人或使用者触碰。

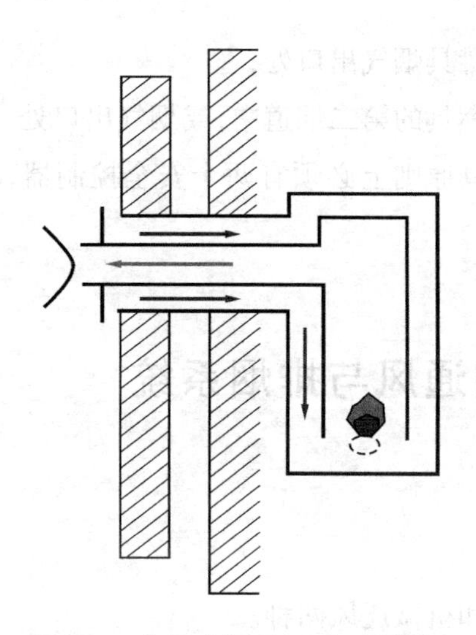

图 4.4　密闭式烟道（平衡式烟道）

3）强制排烟

排气扇排烟首先用于工商业燃烧器具，现在已引进个别家用燃气用具，并安装在单独的烟道式系统中。

强制排烟较自然排烟系统的优势如下：

- 排出燃烧产物更为有效，并且不需要借助风向；
- 燃气用具安装位置和烟道出口位置都更具弹性；
- 烟道出口和助燃空气进口的尺寸较小；
- 大大提高烟气稀释度；
- 热交换器及燃气用具整体尺寸都可以减小；
- 可借助增加热交换器吸热面积和使用烟气中水蒸气潜热而提高热效率。

强制排烟较自然排烟系统的缺点：

- 排气扇噪音比较大；

• 需要额外加装一些安全装置；

• 生产成本及保养维护成本较高；

• 当使用烟气水蒸气潜热增加热效率时，同样地要增设一些设备排出冷凝水。

强制排烟系统一般有三种基本类型：

①风机装置在平衡式燃具空气进口处，风机把空气或空气—燃气的混合物带至燃烧室内；

②风机装置在平衡式燃具烟气出口处；

③风机装置在烟道式燃具的第二烟道中，或烟气出口处。

每一个强制给排式燃具原则上必须有两个安全控制器，分别监察火焰燃烧情况助燃空气及烟气排放失效。

4.2.2 工业用通风与排烟系统

1）排烟通风方式

其方式分为自然通风和机械通风两种。

（1）自然通风

自然通风是依靠烟筒内的热烟气与外界空气之间的密度差形成自生风，通常成为抽力，以克服空气和烟气的流动阻力。这种通风方式适用于容量不大的锅炉。

（2）机械通风

机械通风（强制通风）是依靠空气产生的压头来克服烟道、风道的气流阻力。由于机械通风产生的压头大，故这种方式常用于容量较大、结构复杂的燃烧设备。机械通风又可分为正压通风、负压通风、平衡通风三种。

正压通风　在烟道系统中只装送风机，利用产生的压头来克服烟道中的流动阻力。这时的炉膛和全部烟道是在正压下工作的，因而要求严格密封，否则会造成烟、火外喷。正压通风的优点是不设引风机，因而系统简单；同时还因正压而消除了冷空气的渗入，提高了供热强度和使用效率。

负压通风　在烟囱之前设置引风机，用以帮助克服气流阻力。这时，引风机产生的压头要用来克服负压状态，故称负压通风。这种通风方式的主要缺点是，易造成室外冷风向炉内及烟道大量渗透，致使炉温降低，并影响燃料的燃烧，从而使热损失增大、效率降低。

平衡通风　在通风与排烟系统中，同时装设送风机和引风机，利用送风机克服风道

系统(包括燃烧设备)的气流阻力,利用引风机克服烟道系统的阻力,并使锅炉炉膛出口保持大约20~40 Pa的负压,这种情况下,锅炉使用的安全和卫生条件较好。平衡通风与负压通风相比,烟道内负压较小,冷风渗入量不大。目前,这种通风方式在大、中容量的锅炉上得到广泛应用。

流体力学中,流体的压力常常用高度表示,称作压头。

2)烟囱

烟囱是主要的排烟装置,它的作用是产生抽力以克服烟气的流动阻力;并将烟气排到室外一定的高度扩散,以减轻对周围附近环境的影响。

烟囱内部流动的烟气温度高、密度小,而烟囱外部流动的空气温度低、密度大,这时在同一高度不同密度的两个气柱的底部连通处形成了压力差,这个压力差就是烟囱产生的抽力,同时也是炉膛产生的负压(图4.5)。依靠它来吸空气进入炉膛供燃料的燃烧,同时还令燃烧后生成的烟气在烟囱中上升,最终从出口排入大气(负压通风)。

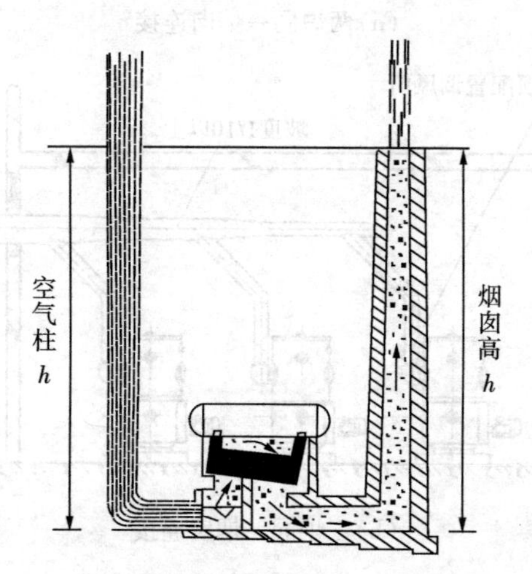

图4.5 锅炉自然通风原理示意图

烟囱抽力的大小取决于烟囱的高度、烟气温度及室外空气温度。如一般情况下排烟温度在 150 ℃左右时，每米烟囱高度可产生 3 Pa 的抽力，排烟温度为 400 ℃时该抽力将增至 7 Pa。烟囱的保温状态会影响到烟气柱的温度，从而影响到抽力大小。周围大气的温度、密度是随气候变化的，气温高时空气密度小，在其他条件不变的情况下，烟囱生成的抽力也会变小。

3）烟道

燃油燃气锅炉利用集中烟囱排烟时，每台锅炉的烟气通过地上敷设的金属烟道汇集至烟囱。水平烟道要有 1% 的上抬高度，并要避免直角转向和气流的垂直碰撞（汇流时），还应使每台锅炉的抽力平衡，其布置情况见图 4.6。锅炉后方的烟道上应设防爆门，其位置要利于泄压且不危及人身安全。

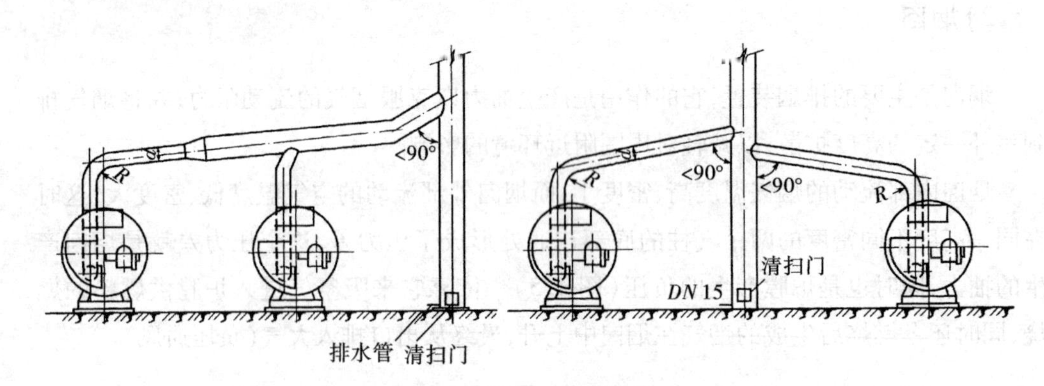

（a）两炉同一烟囱连接

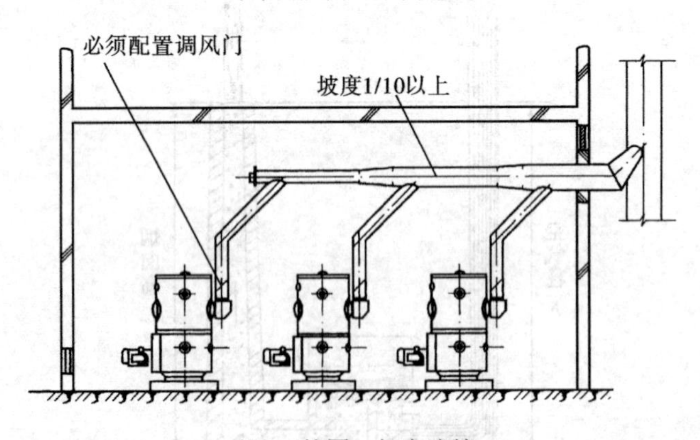

（b）三炉同一烟囱连接

图 4.6　锅炉同烟囱连接示意图

高层建筑中使用的燃油燃气锅炉排烟时,有可能出现抽力过大而造成炉膛负压,或是水平烟道较长造成阻力过大,致使烟气阻滞或排烟不畅。这些情况下应采取阻力平衡措施,如设抽风控制器、加装烟气引射器或引风机等。室内金属烟道要注意保温,防止烟气中水蒸气的冷凝。

4.2.3 商用通风与排烟系统

大锅灶和中餐灶的排烟设施包括烟罩、气罩及适当的烟道。大锅灶的炉膛烟道处有爆破门和抽气系统,确保把新鲜的空气带入以取代抽出的污染空气。

商用燃具的排烟设施应符合下列要求:

①水平烟道长度不宜超过6 m;

②水平烟道应有大于或等于1%的坡度;

③多台设备合用一个水平烟道时,应顺烟气流动方向设置导向装置;

④烟道距难燃或不燃材料的顶棚或墙的净距不应小于5 cm;距燃烧材料的顶棚或墙的净距不应小于25 cm。

商用厨房中的燃具上方设有排气扇或排气罩。热负荷30 kW以下的燃具排烟设施的烟道抽力不应小于3 Pa;热负荷30 kW以上的燃具,烟道的抽力不应小于10 Pa。燃具的排烟设施符合下列要求:

①不得与使用固体燃料的设备共用一套排烟设施;

②每个燃具采用单独烟道,当多个燃具用一个总烟道时应保证排烟时互不影响;

③在容易积聚烟气的地方,应设置泄爆装置;

④应设有防止倒风的装置;

⑤从燃具顶部排烟或设置排烟罩时,其上部应由不小于0.3 m的垂直烟道接水平烟道;

⑥有防倒风排烟罩的用气设备不得设置烟道闸板,无防倒风排烟罩的用气设备,在至总烟道的每个支管上应设置闸板,闸板上应有直径大于15 mm的空隙;

⑦安装在低于0 ℃房间的金属烟道应保温。

4.2.4 建筑物共享烟道系统

1)倒T形烟道系统

倒T形烟道是在多层住宅中使用的房间封闭排烟设备,系统示意图如图4.7所示。该系统从一根普通的管道供应燃烧所需的空气,并将燃烧产物排放到同一管道中。两根水平的空气进口管分别来自建筑物的相对面,在单根垂直竖井的底部连接,单根垂直管从建筑物中央穿过到屋顶之上排烟。

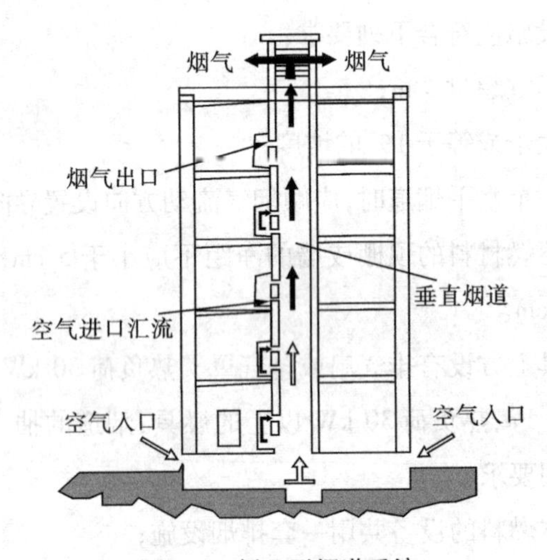

图4.7 倒T形烟道系统

垂直竖井通常用预制混凝土按标准尺寸和高度制造,也可用合适厚度和强度的防火板制造。地板支撑用来分散竖井重量加在地板上的负荷。空气进口分路可以用类似的材料在现场浇筑,或用金属制造。由柱支撑的建筑可以不用水平空气进口管。

烟道的顶部位置应避开相邻楼房的风压带,其形状应能满足各方向的风都能使烟道产生抽力。烟道底部的给气口应使风压保持平衡,给气口应分别设在建筑物的两对面。给气口有效截面积应大于连接的水平烟道的截面积,给气口应设在建筑物相对两面高于建筑地表1 m以上的地方。垂直烟道有效截面积应是连接全部水平烟道面积总和的2倍以上;垂直烟道底部应设放水管和清扫孔。

2) U 形烟道系统

U 形烟道系统是倒 T 形竖井的变形,用于不是很容易从建筑的底部获得燃烧所需的空气的场合,系统示意图如图 4.8 所示。空气通过垂直竖井从建筑的顶部向下走,垂直竖井紧靠设备的通风井,这两根竖井在底部连接形成 U 形。竖井的尺寸比倒 T 形烟道的稍大一点,每根分路的面积是相应倒 T 形烟道的 1.4 倍。为了保证风压平衡,给排气口可设在两个平面上;或设在一个平面上,但给气口或排气口的有效面积取烟道面积的 2 倍以上。倒 T 形和 U 形竖井如果适合的话都可以用于单个设备。单个和多个设备的倒 T 形和 U 形竖井都不可以用风机排气。

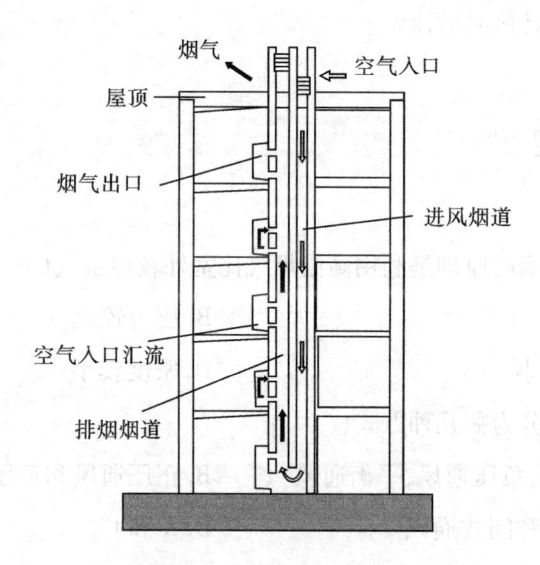

图 4.8 U 形烟道系统

U 形竖井的终端已经标准化,终端的位置要求与倒 T 形的相同。设备通过预制的孔或现场制作的孔连接到 U 形竖井上。设备的接头装入孔中,必须仔细密封。空气接头应刚好与通竖井的内壁贴合,但是出口管接头在竖井内伸出的距离应符合设计规定。

终端应在任何胸墙或结构上方 1.5 m 以内,终端开口的底部必须在屋顶上方至少 250 mm 处,考虑建筑物和周围建筑物的风压带分布,并符合下列要求:

- 屋顶排烟口与最顶层安装燃具的排烟开口部位的垂直净距应大于 3 m;
- 安装在同一烟道上的两个燃具排烟开口部位的垂直净距应大于 0.8 m;
- 给排气风帽必须伸出到烟道内壁平面外 40 ~ 50 mm;

• 安装公用烟道式专用风帽时必须使用金属框架；

• 烟道顶部应能防雨，且积雪不会堵塞开口部位。

公用烟道的截面积和形状应能保证密闭式燃具的正常燃烧，U 形烟道的给排气道和倒 T 型烟道的垂直高度，其截面积均应大于下列公式求出的数值：

$$A = 0.9458 \times Z \cdot \kappa \cdot \phi$$

式中：

A——烟道截面积，cm^2；

Z——公用给排气烟道的截面积，cm^2/kW；

κ——燃具同时工作系数；

ϕ——烟道上燃具热流量，kW。

学习鉴定

1. 选择题

(1) 开式烟道排烟的原理是利用高温烟气比室外较冷空气(　　)

A. 温度较高　　B. 压力较大

C. 含氧量较小　　D. 密度较小

(2) 机械通风可分为哪几种方式(　　)

A. 正压通风、负压通风、平衡通风　　B. 正压通风和负压通风

C. 开式通风和闭式通风　　D. A 和 C

(3) 屋顶排烟口与最顶层安装燃具的排烟开口垂直净距应大于(　　)

A. 0.8 m　　B. 1.5 m　　C. 1 m　　D. 3 m

2. 填空题

无防倒风排烟罩的用气设备，在至总烟道的每个支管上应设置____________________________。

3. 问答题

识别某一工作区域的燃具及其排烟、通风布置，并了解其通风要求：

①燃具类型；

②通风设备的类型；

③烟道的类型；

④通风要求。

教学评估

等 级	考核项目	已 掌 握	未 掌 握
初级	家用燃具的通风与排烟方式和措施		
中级	工业用通风与排烟系统		
高级	家用、工业用及商业用通风与排烟方式		

5 工业用燃烧设备

核心知识

- 大气式工业燃气燃烧机结构、工作原理
- 鼓风式工业燃气燃烧机结构
- 燃气燃烧机燃气供气系统
- 全自动工业燃烧机控系统
- 工业燃烧机的安全注意事项

学习目标

- 了解大气式工业燃气燃烧机的结构、工作原理
- 了解燃气燃烧机各部件组成及工作原理
- 掌握燃气燃烧机供气系统的构成及原理
- 熟悉燃气燃烧机的工作时序
- 熟悉燃气燃烧机使用中的安全注意事项

5.1 工业燃气燃烧器、燃气燃烧机

5.1.1 大气式工业燃气燃烧器

燃气燃烧器按一次空气系数分类有扩散式、大气式、无焰式;按空气供给方式分类有引射式、鼓风式。

大气式工业燃气燃烧器的工作原理与民用燃气灶燃烧器相同。燃气喷嘴中喷出的燃气进入引射器,同时卷吸部分空气(一次空气),燃烧时,在火焰的外部仍需供给一部分空气(二次空气)。燃气燃烧器结构如图5.1所示。

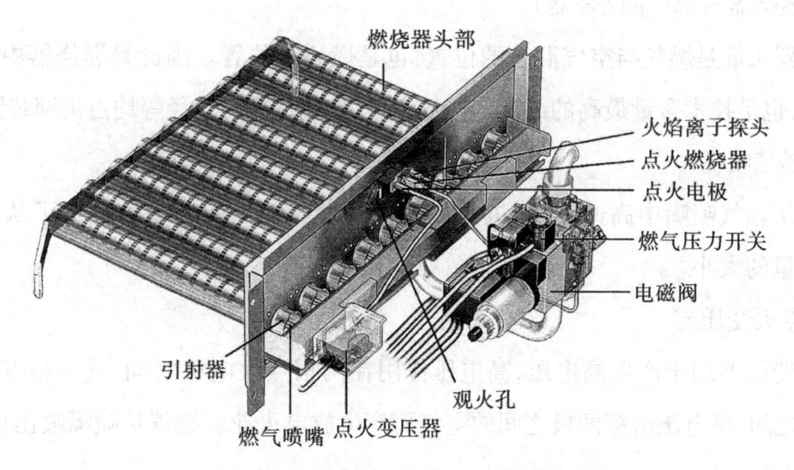

图5.1 全自动大气式工业燃烧器结构

一次空气系数：先和燃气混合的助燃空气量与燃气完全燃烧所需的理论空气量之比，用α表示。

燃烧器按类型和应用领域分工业燃烧器、燃烧机、民用燃烧器、特种燃烧器几种。广义上来说，民用灶具、打火机、喷灯、发动机中的喷燃装置等都属于民用燃烧器和特种燃烧器的范畴。

燃烧器产品已形成标准化与自动化，其启动过程与负荷的调节均由自动控制装置来完成。

(1)引射器

用于在燃气喷嘴喷出燃气射流的作用下，卷吸部分空气(一次空气)。燃气与一次空气在引射器中充分混合。

(2)燃烧器头部(主燃烧器)

燃烧器头部是燃气与空气混合的位置，也是燃烧的位置。因此是燃烧器中最重要的部件之一，也是技术含量最高的部件。燃气燃烧火焰的长度、直径等均由头部装置调节。

(3)燃气喷嘴

燃气从燃气喷嘴中高速喷出，进入燃烧器。燃气喷嘴前的压力决定了从喷嘴中喷出燃气流量的大小。

(4)点火变压器

点火变压器用于产生高电压，高电压作用在两根点火电极之间，或一根点火电极与燃气喷嘴之间，高电压击穿两极之间的空气而产生放电火花。燃气从喷嘴喷出后，遇火花被点燃。

(5)观火孔

观火孔用于观察火焰。

(6)电磁阀

电磁阀用于调节燃气负荷及在紧急情况下切断燃气。

(7)燃气压力开关

燃气压力开关是燃气压力安全保护装置。当燃气压力过低时,压力开关断开,燃烧机无法启动,图5.2是燃气压力开关的结构示意图。压力设定盘通过弹簧向膜片施加一定的压力,只有当燃气压力大于压力设定盘所整定的压力值时,杠杆才会向上抬起,推动开关闭合。一旦发生燃气压力过低的情况,开关便会断开,控制器发现后立即停止燃烧机的运行。

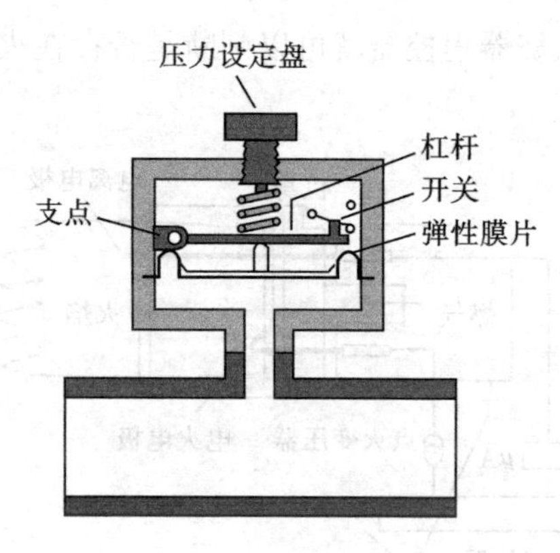

图5.2　燃气压力开关

(8)点火燃烧器

点火燃烧器也称“值班火焰”(或“长明火”)。点火电极产生的火花首先点燃点火燃烧器,然后由点火燃烧器点燃主燃烧器。在正常工作的情况下,当主燃烧器停火时,点火燃烧器仍然工作。

工业燃烧器的点火方式有两种:对于大气式燃烧器,一般是先用电火花点燃一支小燃烧器(点火燃烧器),然后再用小燃烧器来点燃主燃烧器;对于鼓风式燃烧器,是直接使用电火花点燃主燃烧器。

(9)火焰离子电极

火焰离子电极是熄火保护装置。当电极检测不到火焰的存在时,将发出信号,控制器立即关闭燃气电磁阀。

(10)火焰检测装置

火焰检测装置是保证燃烧器安全工作的重要部件之一。

中、小功率的燃气燃烧器通常采用电离电极回路进行火焰检测,即采用火焰离子探头。可燃气体在燃烧的时候会产生大量带有极性的离子,如果在火焰中放入两根电极金属棒,并且两者之间存在电压,则在电压的作用下,在两根电极之间就会出现离子电流。如图5.3所示,把一个电极(电离电极)伸入火焰,而把金属的燃烧器机身作为另一个电极(电火电极)。通常将机身和程控器火焰检测回路的一个端子(端子22)都接地,而将伸入火焰的金属棒与火焰检测电路的另一个端子(端子24)相连。如果程控器给端子24送电,在机身壳体和金属棒(电离电极)之间就存在电压,如果有火焰存在,就会出现电离电流,使火焰检测回路闭合;没有火焰就没有电离电流。根据该电离电流是否存在以及电流值的大小,燃烧器程控器就可以判断是否存在火焰以及火焰的质量。

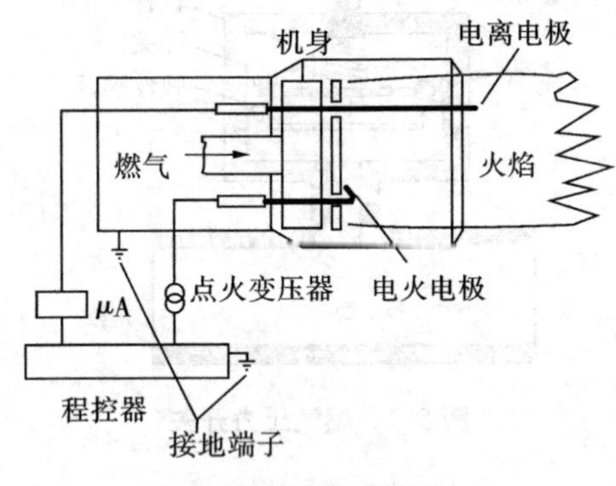

图5.3　电离法火焰检测

程控器对电流值的大小是有要求的,当电流值高于要求的最小值,程控器才认为有火焰,电离电极的位置对该电流值也有一定的影响。因此在调试燃烧器的时候,一定要检查电离电极的位置,确保其处于燃烧器使用说明书中要求的位置。

因为电离电流回路与点火回路共用燃烧器机身,而点火电流(mA)比电离电流(μA)高很多,因此要确保二者的方向相同,否则电离电流将被抵消而使程控器接受不到火焰信号。

检测中、小功率的燃气燃烧器的火焰可以用电离电极。对于大功率的燃烧器,在负荷变化时火焰的尺寸和强度变化非常大,对于电离电极来说,很难确定一个合适的位置使得在任何压力下都能很好地检测火焰的质量。这种情况下,一般采用紫外线光电管来检测火焰。

紫外线光电管只接收火焰中出现的紫外光。如果接受到足够的紫外光,它就产生一个电流,适当放大后,激励火焰继电器,闭合相关触点,产生火焰信号给程控器。

应用举例

大气式燃烧机用于采暖锅炉

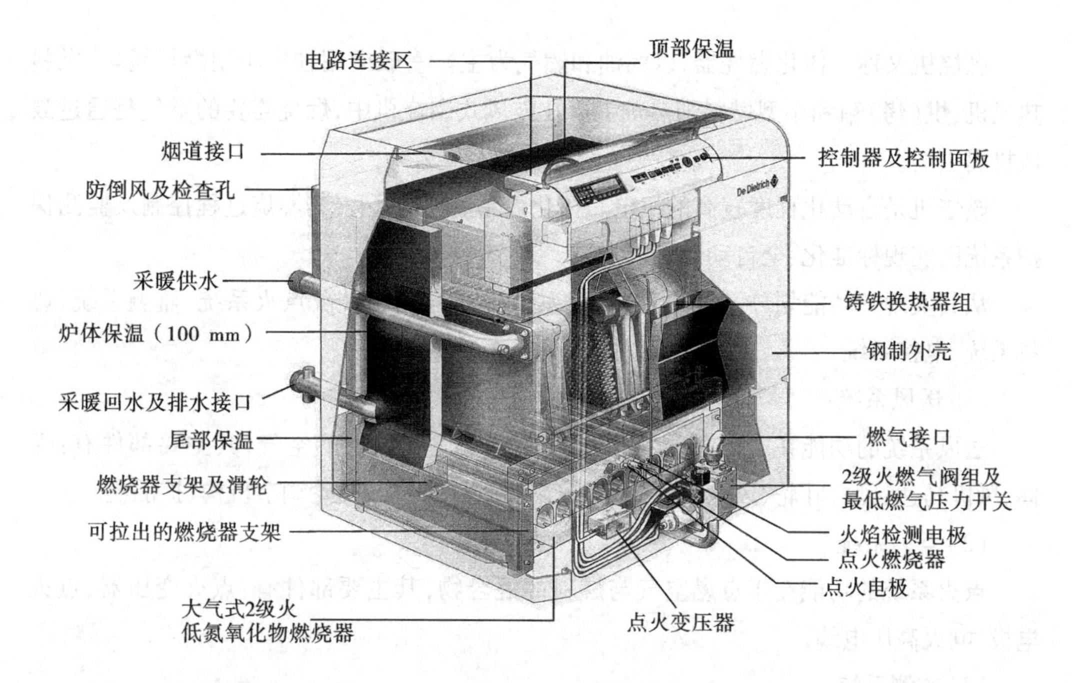

大气式燃气燃烧器采暖锅炉主要由大气式2级火低氮氧化物燃烧器、铸铁换热器组、控制器及控制面板、保温、钢制外壳、点火变压器、点火燃烧器、燃气阀组等组成。

当控制器检测到采暖水温降低后，发出控制信号给点火变压器，点火变压器输出高电压并通过点火电极打火，在电火花的作用下点燃点火燃烧器。火焰检测电极检测到点火燃烧器的火焰后，控制器发出信号，打开燃气阀组，主燃烧器被点火燃烧器点燃，锅炉开始加热。当水温达到控制器设定值时，控制器发出信号，关闭燃气阀组，锅炉停止加热。

5.1.2 全自动鼓风式燃气燃烧机

1)燃烧机

燃烧机又称一体化燃烧器,以燃油和燃气为主。一般应用在中小型燃料锅炉、燃料热风机、烘(烤)箱和小型燃料加热炉上。在鼓风式燃烧机中,燃烧需要的空气是通过鼓风机提供的。

燃烧机是自动化程度较高的机电一体化设备,在国际上,其燃烧过程控制及监测保护系统已实现标准化、全自动化。

从其实现的功能划分,燃烧机由五大系统构成:送风系统、点火系统、监测系统、燃料系统、电控系统。

(1)送风系统

送风系统的功能在于向燃烧室里送入一定风速和风量的空气,其主要部件有:壳体、风机马达、风机叶轮、风枪火管、风门控制器、风门挡板、凸轮调节机构、扩散盘。

(2)点火系统

点火系统的功能在于点燃空气与燃料的混合物,其主要部件有:点火变压器、点火电极、电火高压电缆。

(3)监测系统

监测系统的功能在于保证燃烧器安全、稳定地运行,其主要部件有火焰监测器、压力监测器、温度监测器等。

(4)燃料系统

燃料系统的功能在于保证燃烧器燃烧所需的燃料。燃油燃烧器的燃料系统主要有:油管及接头、油泵、电磁阀、喷嘴、重油预热器。燃气燃烧器主要有过滤器、调压器、电磁阀组、点火电磁阀组、燃料蝶阀。

(5)电控系统

电控系统是以上各系统的指挥中心和联络中心,主要控制元件为程控器。

2)常见鼓风式燃气燃烧机结构形式

常见鼓风式燃气燃烧机结构形式有3种:枪式燃烧机、盒式燃烧机和分体式燃烧机,如图5.4所示。

(a)枪式燃烧机

(b)盒式燃烧机　　(c)分体式燃烧机

图5.4　常见鼓风式燃气燃烧机结构形式

3)全自动鼓风式燃气燃烧机

无论哪一种形式的鼓风式燃气燃烧机,其组成基本相同。图5.5所示为盒式燃烧机的组成。

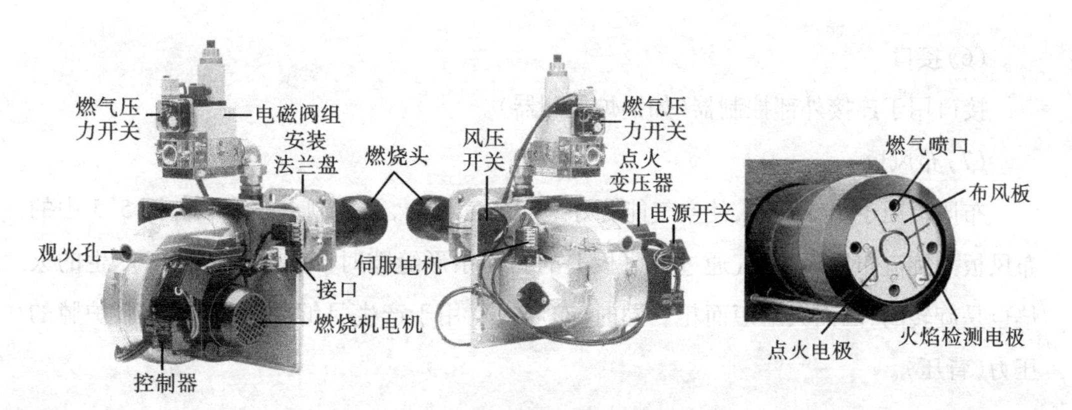

图5.5　全自动鼓风式燃气燃烧机组成

(1)燃烧机头部

燃气与空气在燃烧机头部混合并燃烧。它主要包括:套筒、布风板、燃气喷嘴。

(2)燃烧机电机

燃烧机中鼓风机用电机。

(3)控制器

控制器用于控制燃烧机的启/停,及负荷调节。

(4)伺服电机

伺服电机是用于调节风门的执行器。调节风门的目的是调节风量。

(5)风压开关

风压开关用于检测燃烧机是否具有足够的风压。如风压过低,则风压开关断开,燃烧机停止运行。其工作原理与燃气压力开关相同,外观也相似(图5.6)。

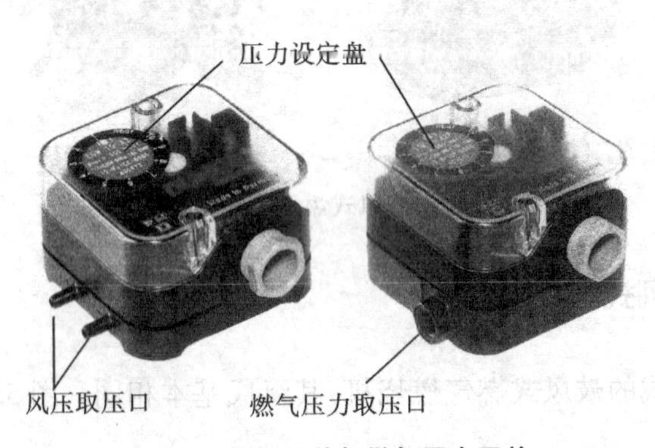

图5.6　风压开关与燃气压力开关

(6)接口

接口用于连接外部控制器(如锅炉控制器)。

(7)布风板

布风板用于组织气流,使空气能更好地与燃气混合,及控制火焰形状。图5.5中的布风板为旋流布风板,空气通过布风板上的斜向条形缝隙时产生旋转,因此,产生的火焰也是旋转的,因而火焰短而粗。同时,布风板也用于产生足够的风压,以克服炉膛的压力(背压)。

应用举例

鼓风式燃烧机用于热水锅炉

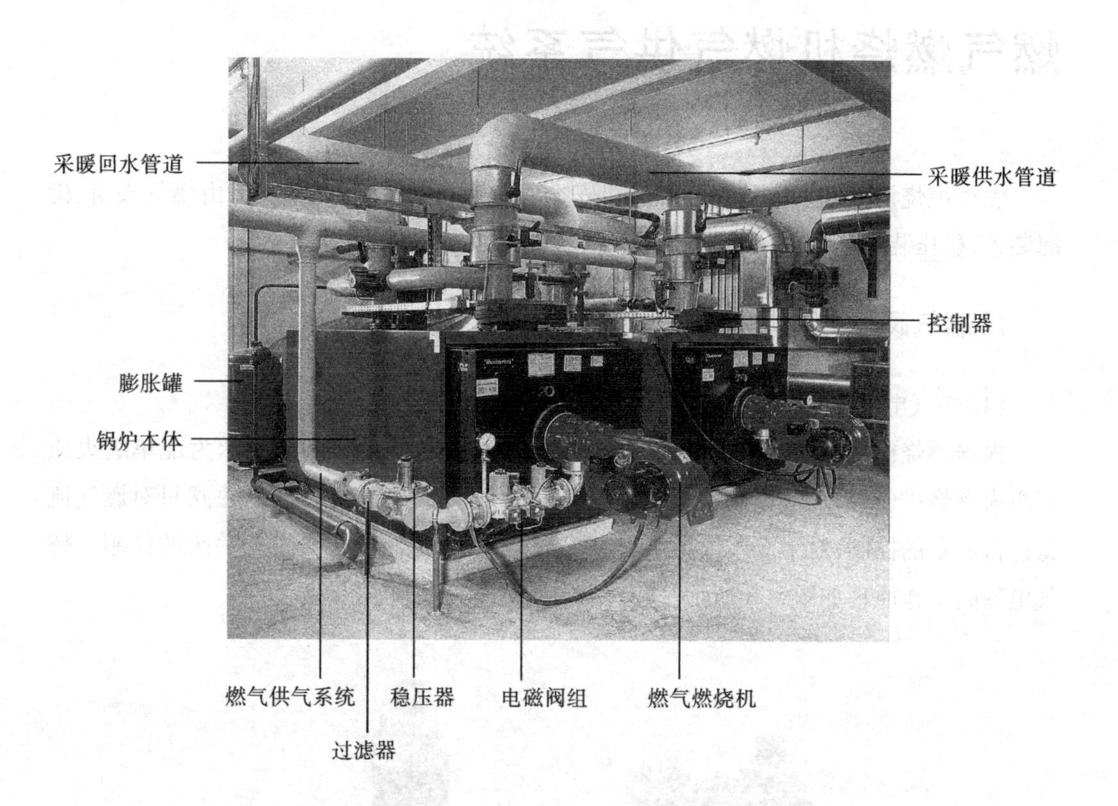

上图为由两台燃气锅炉组成的燃气采暖锅炉房。两台锅炉使用鼓风式燃气燃烧器，每台燃烧器由各自独立的燃气供气系统供气。供气系统包括：过滤器、稳压器、燃气电磁阀组等。

5.2 燃气燃烧机燃气供气系统

燃气燃烧机供气系统是保证燃烧机安全正常运行的关键部分，主要由燃气阀组、检漏装置、稳压装置、安全切断阀等组成。

1）燃气阀组的种类

（1）燃气电磁阀

根据燃烧机工作模式的不同，其配备的电磁阀也不同。图5.7所示为配单级火或双级火燃烧机（一般为小型燃烧机）的电磁阀。对于单级火燃烧机，电磁阀只对燃气流量进行通断的控制；对于双级火燃烧机，电磁阀可以实现小火—大火—关闭的控制。燃气电磁阀工作原理如图5.8所示。

（a）配单级火燃烧机的电磁阀组　（b）配双级火燃烧机的电磁阀组

图5.7　燃气电磁阀组

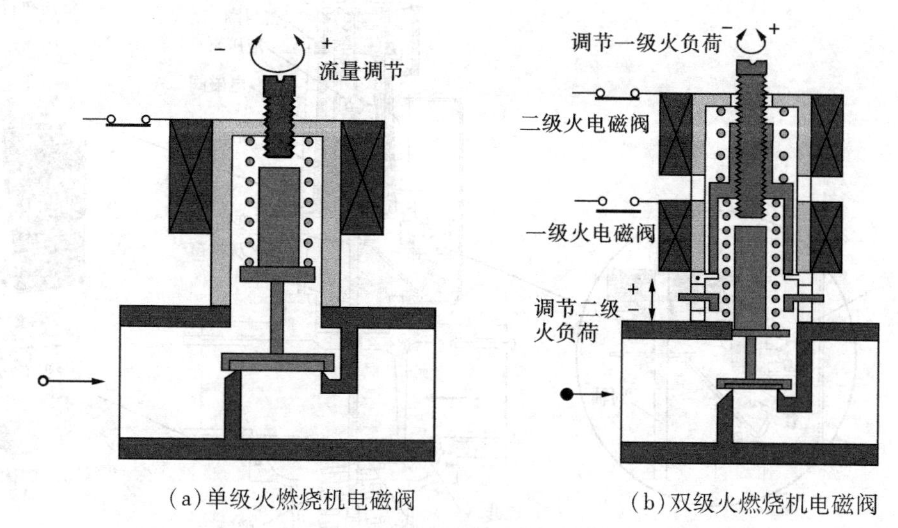

(a)单级火燃烧机电磁阀

(b)双级火燃烧机电磁阀

图5.8 燃烧机电磁阀工作原理

单级火燃烧机,当电磁阀通电时,阀芯被电磁力吸启,阀门打开;当电磁阀断电时,阀芯在弹簧力作用下将阀关闭(图5.8a)。阀上部的螺丝用于调节阀芯开启的高度,以控制燃气流量的大小。

双级火燃烧机,当一级火电磁阀通电时,阀芯被吸启到一定高度(高度受阀门顶部螺丝的限制);当二级火电磁阀通电时,阀芯被进一步提起,阀门开启到更大的开度(图5.8b),此时的开启高度受调节二级火装置的限制。

(2)液压燃气阀

液压燃气阀通过液压系统实现开闭,在液压泵与电磁阀的作用下完成阀门的开关。其工作原理如图5.9所示。

当液压泵通电后,活塞下部的液压油被泵入活塞的上部,压迫活塞向下运动将燃气阀顶开。通过调节活塞上部的压力即可调节阀的开度。当需要关闭阀门时,只需打开电磁阀,使活塞上部与下部联通,压力达到平衡,在弹簧的作用下将阀门关闭。

在液压燃气阀的基础上,加入燃气阀下游燃气压力稳压装置——伺服稳压调节器,即构成带稳压功能的液压燃气阀,如图5.10所示。

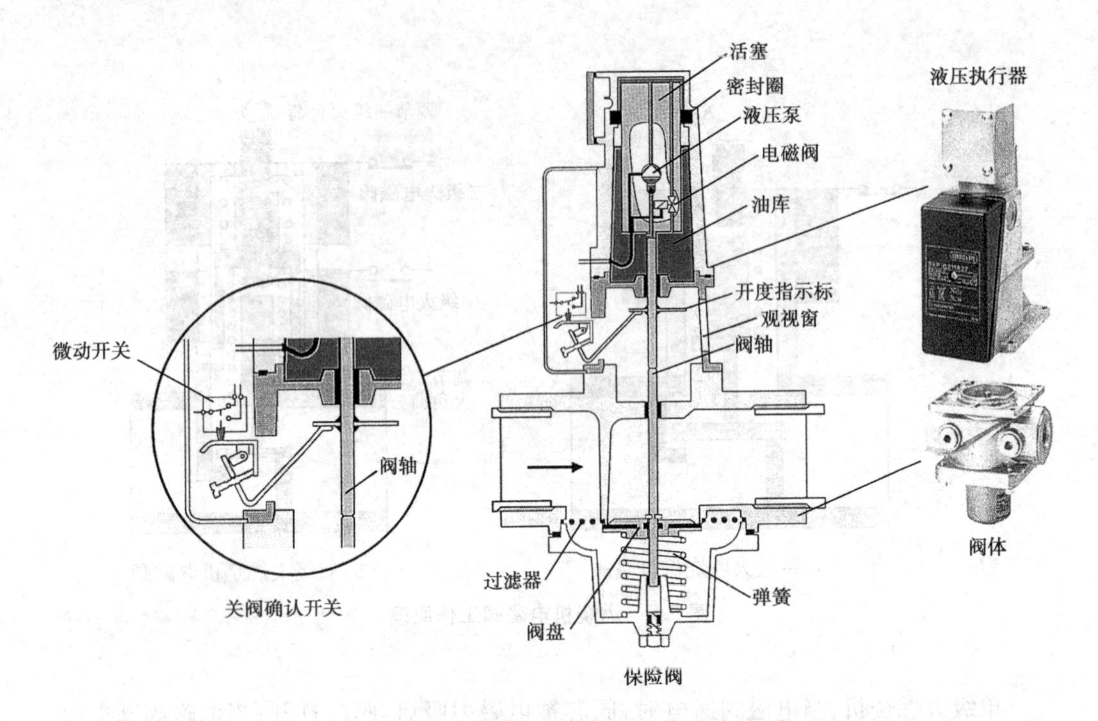

图 5.9　液压燃气阀工作原理

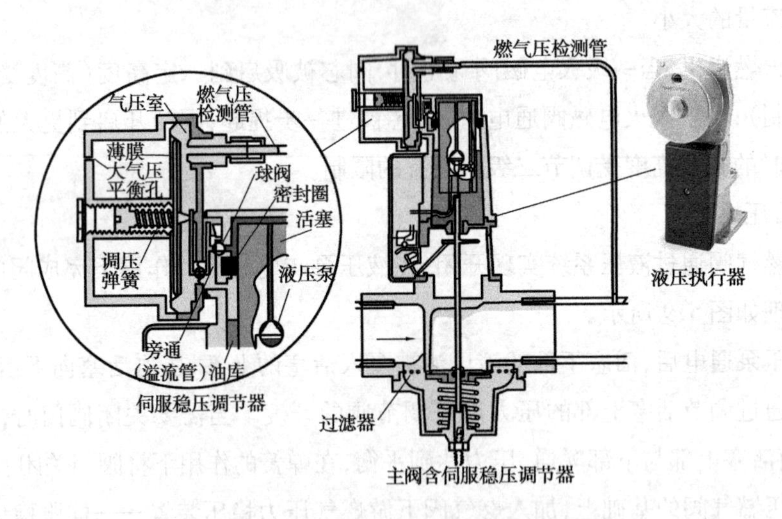

图 5.10　带稳压功能的液压燃气阀

(3)液压比例调节阀

将带稳压功能的液压燃气阀上伺服稳压调节器的“大气压平衡孔”与鼓风式燃烧机的风机出口的取压口相连。稳压调节器根据某个控制信号对压力进行调节,此处是指主燃气阀下游的压力。当主燃气阀下游压力升高时,燃气压检测管将这一信号加载到伺服稳压调节器上,通过伺服调节器改变活塞两侧的压力,使主阀关小,进而使主阀出口压力降低。反之亦然。由此即可实现根据鼓风压力(代表空气流量)自动调节燃气阀出口压力(代表燃气流量)的目的,使得燃气/空气的配比在负荷调节过程中保持不变。

2)燃气阀检漏装置

图5.11　燃气阀检漏装置

燃气电磁阀一旦关闭不严,造成燃气泄漏进炉膛,将产生严重的安全隐患。为此,非常有必要对燃气电磁阀的密闭性进行自动测试(一般是在每一次燃烧机点火前进行),一旦发现阀门关闭不严,将禁止燃烧机运行,并给出警报。图5.11所示为一种小型燃气电磁阀组上使用的检漏装置。

检漏的工作过程如图5.12所示。系统工作前,两个串联的电磁阀均处于关闭状态(图5.12a)。此时打开检漏装置中的加压泵和泵前电磁阀,向两电磁阀之间的部分加压(图5.9b)。当压力达到一定数值时(如对于低压燃气,压力一般为管网额定压力的2倍,即40 mbar)关闭加压泵及泵前电磁阀,等待一段时间,在此期间监测两串联电磁阀之间的压力,如压力不变,则说明两电磁阀无泄漏,可以运行燃烧机。如在此期间压力下降,则说明两个电磁阀中的一个或两个关闭不严,有泄漏,此时发出报警信号,燃烧机不能运行。

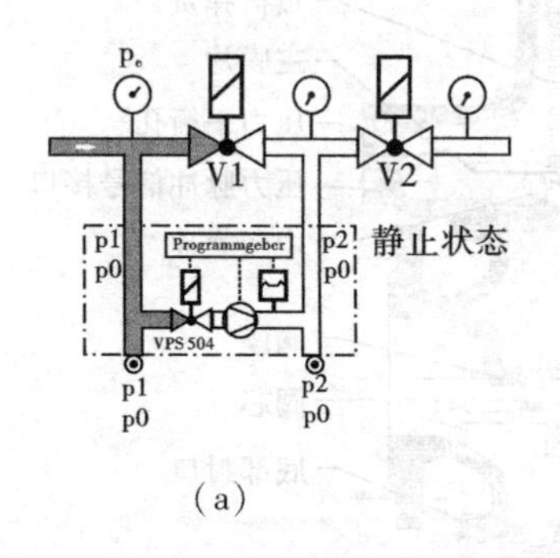

(a)

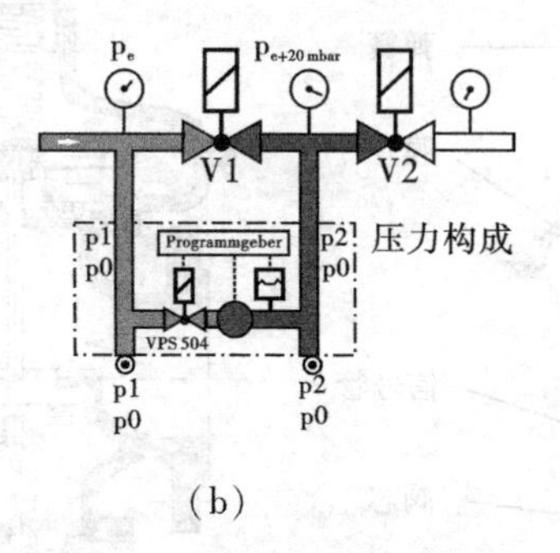

(b)

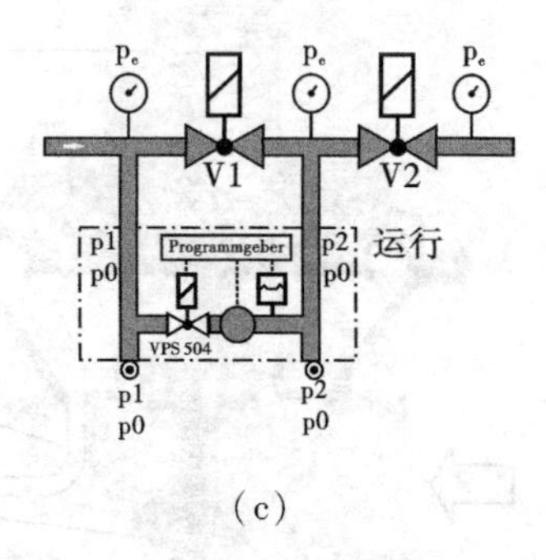

(c)

图5.12　燃气电磁阀检漏过程

巴(bar);毫巴(mbar),表示气压高低的单位。

1 bar = 100 000 Pa = 10 N/cm^2 = 0.1 MPa

3)燃气稳压装置及燃气调压器

燃气稳压装置的作用在于在稳定燃烧机燃气压力的同时保护燃气阀组,使其不会因为燃气压力的突然升高而造成损坏。燃气稳压装置主要由阀体、阀芯、信号管、膜片、弹簧和调节螺丝组成,如图5.13所示。

当稳压装置出口压力升高时,经信号管导入膜片下方的压力也随之升高,推动膜片上移,同时带动阀芯移动,关小阀口,使出口燃气压力降低。调节螺丝的作用在于调节弹簧的弹性力,弹簧的弹性力越大,则出口压力越高。

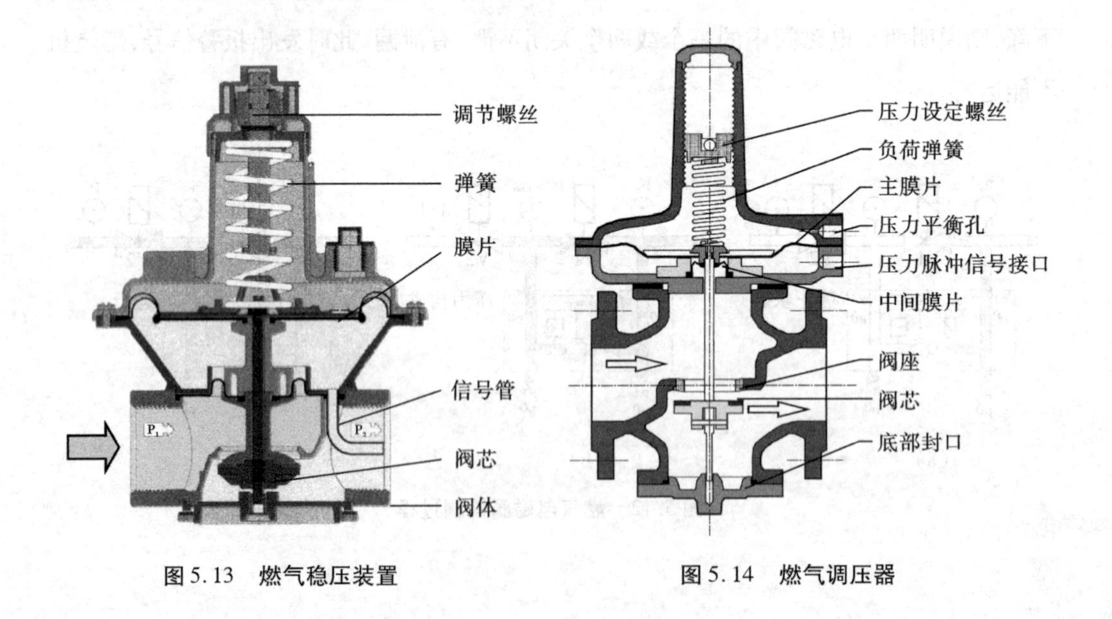

图5.13 燃气稳压装置　　图5.14 燃气调压器

图5.14为燃气调压器结构。燃气按箭头方向流过调压器,调压器出口压力通过导

压管与调压器上压力脉冲信号接口相连,并作用在主膜片的下方。主膜片的上方由负荷弹簧施加一个压力,该压力的大小与出口压力相对应。顺时针方向旋转压力设定螺丝,燃气调压器出口压力升高;逆时针旋转,则出口压力降低,如图 5.15 所示。

图 5.15　燃气调压器的压力整定

4)安全切断阀

安全切断阀的作用是,当燃气压力过低或过高时立即切断燃气通路。图 5.16 为燃气安全切断阀结构图。

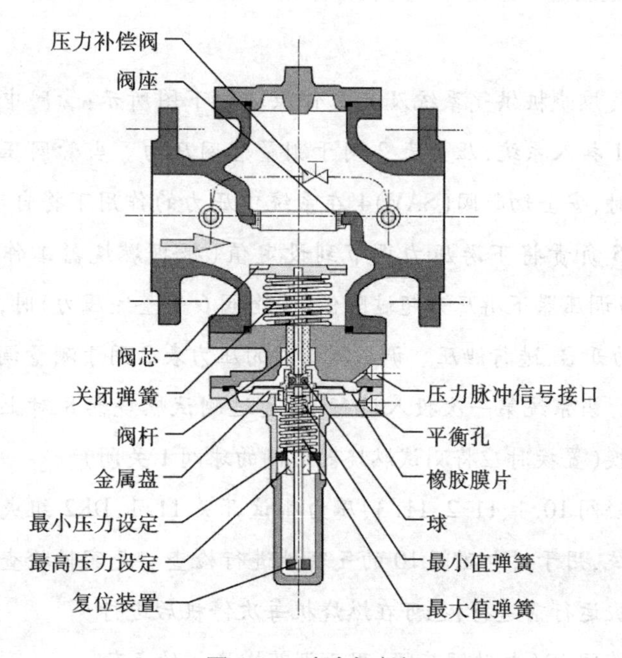

图 5.16　安全切断阀

安全切断阀 SAV 的工作原理:

安全切断阀保护出口压力,该压力通过导压管连接在阀上的压力脉冲信号接口处,同时作用在膜片上。当压力升高或降低时,金属盘也会相应地降低或升高。

在超压或压力下降的情况下,金属盘升高或降低。如果超过允许压力,金属盘被挤压向最大值弹簧,球释放阀杆,然后关闭弹簧将阀芯推向阀座。在压力下降期间,最小值弹簧向相反的方向推动金属盘。接着保护装置被激活,关闭弹簧将阀芯推向阀座。

如果要在故障排除后恢复燃气供应,则应向下拉动复位装置。首先,要通过短暂打开并关闭阀体上的压力补偿阀在阀芯的两端建立压力补偿。如果由于运行条件的变化,需要对保护压力进行重置,通过顺时针方向旋转弹簧盘来提高最大压力值,逆时针方向旋转则降低最大压力值。同样可以通过弹簧盘设定最小压力值。

燃气按箭头方向流过。出口压力通过压力脉冲信号接口作用在主膜片下方;进口压力作用在中间膜片的下方。在这两个压力的作用下,阀芯被开启到某一开度。出口压力的大小由负荷弹簧和压力调节设定螺丝决定。

出口压力的设置:顺时针旋转压力调节设定螺丝,则增加出口压力;逆时针旋转压力调节设定螺丝,则出口压力降低。

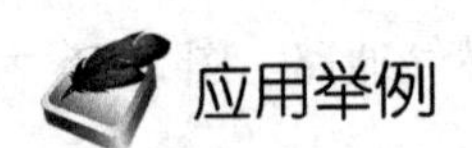

应用举例

燃气燃烧机供气系统及其工作原理如下图所示:管网中的燃气井球阀1接入系统,压力表2用于测量管网压力。当管网压力过高或过低时,安全切断阀(SAV)4在系统中压力的作用下将自动关闭。调压器5负责将下游压力调节到设定值(根据燃烧器工作压力确定)。当调压器下游压力超过限值(安全阀6的整定压力)时,安全阀6将自动开启,进行泄压。调压器下游的压力表2用于测量调压器出口压力。当系统第一次投入运行前,通过测试燃烧器8对上游系统进行置换(置换时应将测试燃烧器右侧的球阀1关闭)。

电磁阀10.1、11.2、11.3、压力测试开关11.1、DK2组成电磁阀检漏系统,用于对电磁阀10的气密性进行检查。气密性检查可在燃烧机每次运行前进行,也可在燃烧机每次停机后进行。

调节阀12(电动调节阀)用于调节燃烧机的负荷。

在点火支路中，调压器 5 将压力调节到点火压力值。通过点火电磁阀 10.4 对点火进行控制。

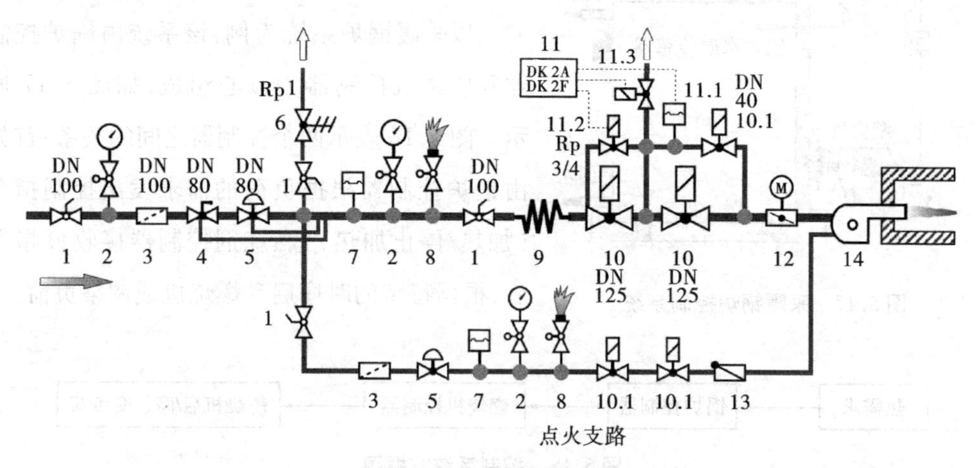

燃气燃烧机供气系统

燃气进口压力:1.0 bar;燃气出口压力:0.1 bar;燃烧机负荷:12.5 MW;燃气流量:1 340 m^3/h

1—球阀;2—压力表及表阀;3—过滤器;4—安全切断阀(SAV);5—调压器;6—安全放散阀(SBV);7—最小压力开关;8—测试燃烧器;9—补偿器;10—电磁阀;10.1—旁通电磁阀;11—DK2 检漏系统;11.1—压力测试开关;11.2—测试电磁阀;11.3—泄放电磁阀;12—燃气控制阀;13—逆止阀;14—燃烧器

5.3 全自动工业燃烧机控制器与控制时序

为保证燃气燃烧机安全工作，在燃烧机中均配有控制器。控制器的主要功能是控制燃烧机的启动过程、燃烧机的负荷调节过程以及在负荷调节过程中保证燃气与空气配比的恒定。

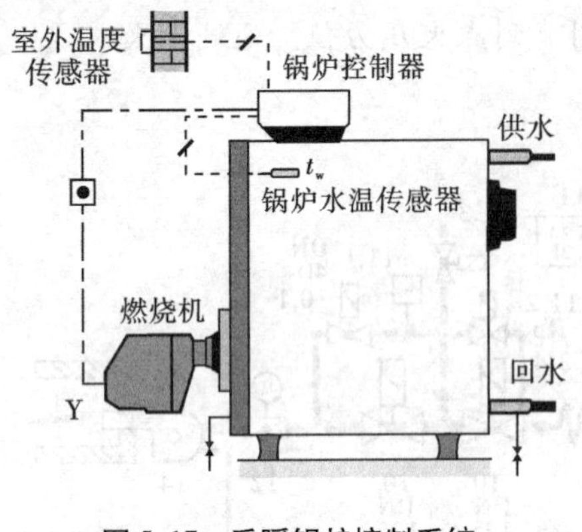

图 5.17　采暖锅炉控制系统

1)燃烧机控制系统的组成

以采暖锅炉系统为例,该系统由锅炉控制器和燃烧机控制器为核心组成,如图 5.17 所示。图 5.18 表示两个控制器之间的关系:首先由锅炉控制器根据负荷的需求发出控制指令(加热/停止加热),燃烧剂控制器接收该指令后,根据特定的时序启动燃烧机或调整负荷。

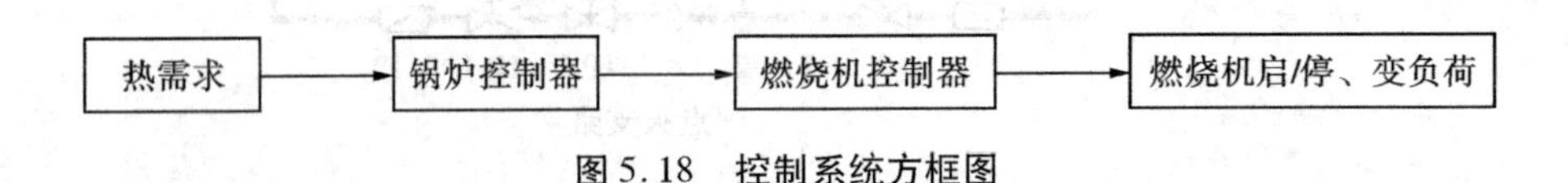

图 5.18　控制系统方框图

2)燃烧机控制器及控制时序

燃烧机控制器接收一系列的输入信号后对燃烧机进行控制,包括安全控制和负荷调节,如图 5.19 所示。

(1)输入信号

负荷需求:由设备控制器(如锅炉控制器)给出信号。

燃气压力:由燃气压力开关给出信号,用于指示燃气压力是否正常。

空气压力:由风压开关给出信号,用于指示鼓风压力是否正常。

火焰:由火焰检测器给出信号,用于判断是否点燃。

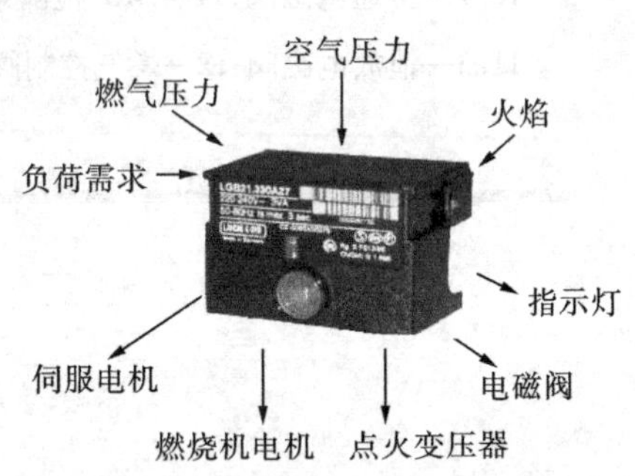

图 5.19　燃烧机控制器的输入/输出信号

(2)输出信号

伺服电机:控制风门的开度,以调整风量。

燃烧机电机:控制鼓风机的启停或变速。

点火变压器:控制点火。

电磁阀:控制燃气量。

指示灯:指示燃烧机状态。

(3)燃烧机控制时序

燃烧机在进行点火启动之前需进行一系列的检测和判断,当判断一切正常后方可打开燃气电磁阀进行点火。燃烧机从接到启动指令(设备控制器提供)到点火的过程称为燃烧机启动时序,一般用燃烧机启动时序图来表示启动过程。不同的燃烧机,启动时序有所差别。以下介绍典型的两断火燃烧机的启动过程,如图 5.20 所示。

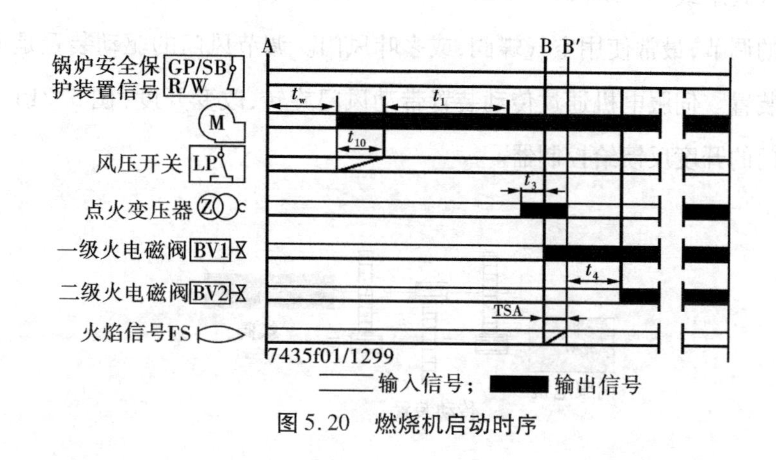

图 5.20　燃烧机启动时序

①当燃烧机接到启动信号后,首先在 t_w 时间段内检测安全保护、燃气压力等信号是否正常(开关是否闭合,正常情况应闭合);

②确定正常后启动风机 M 进行吹扫,目的在于将上次停机后炉中残留的废气和可燃气体(如有)吹出,以便正常安全点火;

③在风机开始吹扫后的 t_{10} 时间内,风压开关 LP 应当给出风压正常信号(风压开关闭合),否则启动程序将停止,并给出故障信号(故障指示灯亮);

④风机 M 吹扫时间延续到 t_1 时间段结束,此时控制器将启动点火开关,打开点火变压器 Z,点火电极放电并产生火花;

⑤点火的电火花维持 t_3 时间后,控制器打开一级火(小负荷)燃气电磁阀 BV1;

⑥BV1 打开后的 TSA 时间段(安全时间)内,控制器应能检测到火焰信号 FS,并关闭点火器 Z,否则,立即关闭 BV1 并中止启动程序,给出故障信号;

⑦点火正常后,经过 t_4 的稳定时间后,二级火电磁阀 BV2 被打开,燃烧机进入正常运行阶段。

3)燃烧机负荷的调节

燃烧机负荷的调节是通过调节燃气流量来实现的。为保证在调节过程中燃气与空气的比例恒定,在调整燃气量的同时也要相应地调节空气量。燃气量的调节使用5.3节介绍的燃气阀组或燃气蝶阀。

空气量的调节,最常使用空气蝶阀,或多叶风门。调节风门的驱动装置是伺服电机和位置反馈装置。伺服电机通过传动装置带动风门旋转,改变开度(图5.21)。位置反馈装置将风门的开度反馈给控制器。

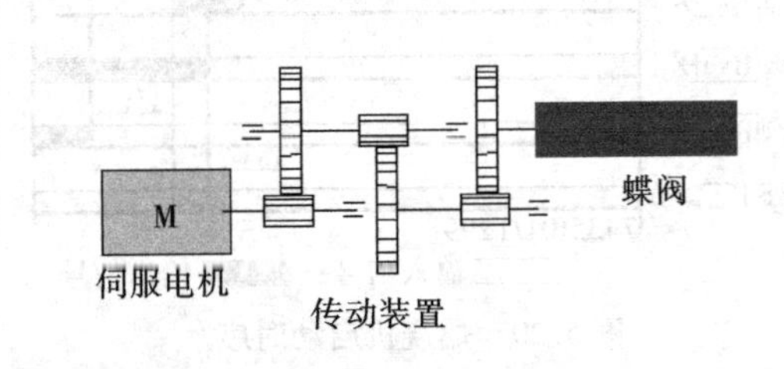

图5.21 伺服电机驱动风门

图5.22为两级火燃烧机的风门定位装置原理图。当风门处于一级火位置时,微动开关断开,当风门处于二级火位置时,微动开关闭合。因此微动开关的信号即反映了风门的位置。

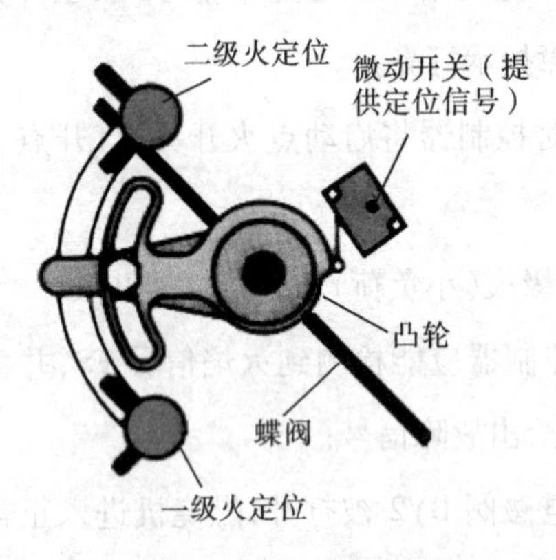

图5.22 位置反馈装置

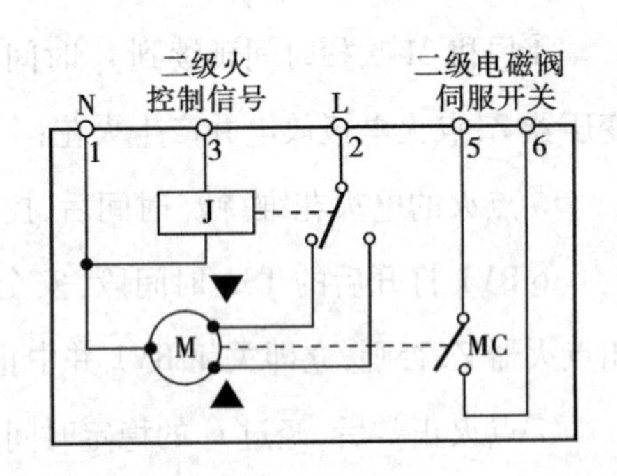

图5.23 电路原理图

图5.23为该装置电路原理图。当控制器给出二级火控制信号时,继电器J得电,相对应的敞开触点闭合,使得伺服电机顺时针旋转,风门被逐渐开大。旋转到特定位置时,凸轮将微动开关MC闭合。当控制器接收到这一信号后即将二级火电磁阀打开。

为提高调节效率和降低噪音,目前也有燃烧机使用变频风机,通过改变风机转速来调节风量。

应用举例

燃气燃烧机控制系统

对于大型燃气燃烧设备,为使其在最佳工况下工作,提高燃烧效率,可以通过测量烟气中氧的含量来对空燃比进行实时控制。控制系统主要包括:燃烧机控制器、空气调节阀及伺服电机、燃气调节阀及伺服电机、氧化锆氧量传感器及氧分析器。

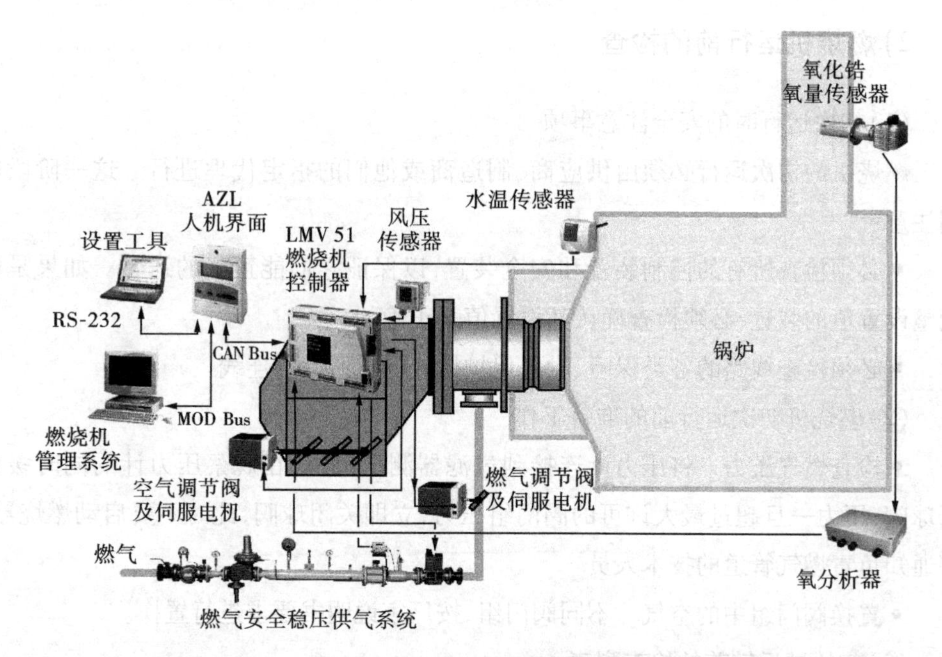

大型燃气燃烧机节能控制系统

5.4 工业燃气燃烧机安全注意事项

1)燃烧机操作的安全性

要确保燃烧机安全运行,必须由合格的专业人员按说明书进行正确的安装与调试。火焰检测装置、限制装置、调节机构及其他安全装置只能由制造厂或其委托单位进行安装。燃烧机操作说明必须放在设备周围显眼处,说明上必须注明最近的服务商联系电话。

不遵守规定可能导致人员伤亡及重大物质损失等严重后果。

2)燃烧机运行前的检查

(1)初次运行时的安全注意事项

燃烧机的初次运行必须由供应商、制造商或他们的指定代理进行。这一阶段应特别注意:

- 必须检查所有的控制装置和安全装置,以保证它们能正确的运转。如果是可以调整设置值的装置,必须检查确认其设置值是正确的。
- 必须检查线路的各类保险、触电保护措施以及所有的连线。

(2)燃烧机初次运行前的准备工作

- 检查燃气压力　将压力计连接到过滤器测压口上,在观察压力计的同时缓慢打开球阀;压力一旦超过最大许可的阀门组压力,立即关闭球阀,此时不要启动燃烧器,立即通知负责燃气管道的技术人员。
- 置换阀门组中的空气　不同阀门组,按厂家说明书要求进行置换。

(3)初始试运转前的检查列表

- 必须装好加热装置(如锅炉),以备操作;
- 必须遵循热交换器的操作指令;

- 整个车间的电线连接必须正确；
- 加热装置和加热系统必须充满足够的加热介质；
- 烟道必须保证畅通；
- 空气加热器上的通风设备必须工作正常；
- 必须能得到足够的新鲜空气；
- 必须安装好用于燃烧分析所需要的测试点；
- 水质必须满足要求；
- 温控器、压力开关和其他安全设备必须处于操作位置；
- 必须要有用热负载；
- 燃气管道必须排除空气；
- 必须测试阀门组的正确性，并详细记录；
- 燃气压力必须正确；
- 燃料切断阀必须处于关闭状态。

注意：根据使用场所的要求，可能有必要做进一步的检查，注意车间设备的个别项目的指示。

3）燃烧机保养

燃烧机全套设备应至少一年进行一次维护保养。根据实际情况应对相应部件的气密性进行复查。在每次保养及故障处理时要对烟气进行测量。

如在检验工作中，密封件被打开，则在重新安装时必须清洁密封面，并注意保持密封性能。

学习鉴定

1. 填空题

（1）工业燃气燃烧器从燃烧方式上可分为＿＿＿＿＿＿式燃烧器和＿＿＿＿＿＿式燃烧机。

（2）燃气大气式燃烧器上燃气压力开关的作用是：当燃气压力过低时，压力开关将＿＿＿＿＿＿。

(3)鼓风式燃气燃烧机风压开关的作用是:当风压过低时,风压开关将________。

(4)燃烧机控制器接收________、________、________、________输入信号,并输出信号控制________、________、________、________。

2. 问答题

(1)大气式燃烧器由哪几部分组成?

(2)鼓风式燃烧机由哪几部分组成?

(3)鼓风式燃气燃烧机中伺服电机的作用是什么?

(4)工业燃气燃烧机的供气系统由哪几部分组成?各部分的作用是什么?

(5)燃烧机火焰检测的方法有哪些?大功率与小功率燃烧机各应使用哪种方法?

(6)燃气阀组检漏系统是如何工作的?

(7)燃烧机前的燃气稳压器的工作原理是什么?

教学评估

等　级	考核项目	已掌握	未掌握
初级	1. 燃烧机的分类 2. 燃烧机的组成 3. 燃气供应系统的组成		
中级	1. 燃气阀组的工作原理 2. 燃烧机控制系统的组成 3. 燃烧机中伺服电机的作用		
高级	1. 燃气阀组的工作原理 2. 安全切断阀的工作原理 3. 燃烧机控制器的控制时序 4. 风门伺服调节系统工作原理		

6 燃气应用技术发展的领域

核心知识

- 天然气利用领域分类、利用政策及优先利用顺序
- 天然气发电及天然气热电冷三联供系统
- 燃气空调、燃气汽车应用简介

学习目标

- 掌握天然气利用领域分类，了解利用政策及优先利用顺序
- 了解天然气发电及天然气热电冷三联供系统
- 了解燃气空调、燃气汽车的应用
- 了解天然气利用新技术及方向

6.1 燃气应用技术的发展形势及政策导向

天然气由于具有明显的环保优势，各国正在不懈地努力提高天然气的使用率。为了这一目标，必须努力提高天然气的应用和开发技术，改善其安全性，开发天然气的新需求。积极进行天然气相关产品的开发和市场推广，例如推出燃气空调、热电联供系统、天然气汽车和燃料电池等新产品。

知识窗

天然气主要有作为燃料和化工原料两大类用途，在燃料行业里主要有发电、城市供能和工业燃料三种用途。

我国为缓解天然气供需矛盾，优化天然气使用结构，促进节能减排工作，经国务院同意，国家发展改革委研究制定的《天然气利用政策》，于2007年8月30日正式颁布实施。这表明天然气在国家能源战略中处于越来越重要的地位。

(1)缓解天然气供需矛盾

随着我国经济社会持续快速发展，天然气需求大幅度增长，国内天然气生产不能完全满足市场需求，供需矛盾突出。同时，由于国际天然气市场价格持续攀升，利用境外资源难度增大，天然气供需矛盾将会进一步加剧。制定和实施天然气利用政策，可以有效遏制不合理的需求，促进天然气供求关系协调。

(2)优化天然气使用结构

我国天然气使用结构不合理，化工用气比例过高。特别是由于气价相对较低，天然气产地及周边地区发展天然气化工的积极性很高，有的地方盲目发展附加值低、产业链短的甲醇、化肥项目。需要引导合理利用天然气资源，优化用气结构，充分发挥天然气资源的效益。

(3)促进节能减排

煤炭在我国一次能源消费中的比例最大，以煤为主的能源消费结构使二氧化碳排放过多，环境压力较大。合理利用天然气，可以优化能源消费结构，改善大气环境，提高人民生活质量，对实现节能减排目标、建设环境友好型社会具有重要意义。

目前我国天然气主要用于四个方面：①城市燃气(包括居民用气，宾馆、饭店等商用的天然气)；②燃气发电；③工业燃料；④化工(用于生产甲醇、乙炔、合成氨和化肥等)。

从国际上看，城市燃气的利用平均占燃气利用总量的26%，发电用气占31%，工业用气占38%，化工用气占5%。而按照我国2007年的数据，城市燃气占26%，发电用气占19.8%，工业用气占30.5%，化工用气占23.6%。与世界平均水平相比，我国化工用气所占比例依然较高，存在一些结构不合理的情况。

《天然气利用政策》指出，天然气利用由国家统筹规划，利用领域归纳为四大类，即：城市燃气、工业燃料、天然气发电和天然气化工。综合考虑天然气利用的社会效益、环保效益和经济效益等各方面因素，并根据不同用户的用气特点，将天然气利用分为优先类、允许类、限制类和禁止类。

(1)第一类——优先类

城市燃气

①城镇(尤其是大中城市)居民炊事、生活热水等用气；

②公共服务设施(机场、政府机关、职工食堂、幼儿园、学校、宾馆、酒店、餐饮业、商场、写字楼等)用气；

③天然气汽车(尤其是双燃料汽车)；

④分布式热电联产、热电冷联产用户。

(2)第二类——允许类

城市燃气

①集中式采暖用气(指中心城区的中心地带)；

②分户式采暖用气；

③中央空调。

工业燃料

④建材、机电、轻纺、石化、冶金等工业领域中以天然气代油、液化石油气项目；

⑤建材、机电、轻纺、石化、冶金等工业领域中环境效益和经济效益较好的以天然气代煤气项目；

⑥建材、机电、轻纺、石化、冶金等工业领域中可中断的用户。

天然气发电

⑦重要用电负荷中心且天然气供应充足的地区，建设利用天然气调峰发电项目。

天然气化工

⑧对用气量不大、经济效益较好的天然气制氢项目；

⑨以不宜外输或上述一、二类用户无法消纳的天然气生产氮肥项目。

(3)第三类——限制类

天然气发电

①非重要用电负荷中心建设利用天然气发电项目，天然气化工；

②已建的合成氨厂以天然气为原料的扩建项目、合成氨厂煤改气项目；

③以甲烷为原料，一次产品包括乙炔、氯甲烷等的碳一化工项目；

④除第二类第9项以外的新建以天然气为原料的合成氨项目。

(4)第四类——禁止类

天然气发电

①陕、蒙、晋、皖等13个大型煤炭基地所在地区建设基荷燃气发电项目，天然气化工；

②新建或扩建天然气制甲醇项目；

③以天然气代煤制甲醇项目。

《天然气利用政策》的宗旨在于促进天然气节约利用，提高天然气利用效率。在严格遵循上述天然气利用政策的基础上，积极鼓励应用先进技术和设备，最大限度发挥天然气利用效率。

这将有利于改善大气环境，提高人民生活质量，对建设环境友好型社会、促进天然气利用市场健康有序发展、实现节能减排目标均具有重要的战略意义。

6.2 燃烧应用技术的新领域

作为一种清洁的燃料,燃气有着非常广阔的应用前景。随着我国天然气勘探与开发力度的加大,以及从国外引进天然气(包括液化天然气)项目的实施,迎来了我国天然气工业的大发展。燃气已经开始应用于一些全新的领域,并且显示出了巨大的优越性。

6.2.1 燃气发电

电力是人类社会消费能源的高级形式。全世界生产的一次能源中约有 1/3 用于电力生产。天然气是世界公认的电力工业的最佳燃料,世界上有近 1/3 的天然气用于发电。但根据我国能源构成的现实情况及天然气利用政策,不应将大量天然气用于发电,不鼓励发展大型燃机发电厂,在条件具备和急需电力的地方可以少量建设燃机发电厂或大中型热电厂,一般采用热电联产或联合循环发电。

表 6.1 天然气发电与燃煤发电的比较(装机容量 500 MW)

污染物	SO_2/(吨·年$^{-1}$)	NO_X/(吨·年$^{-1}$)	CO_2/(吨·年$^{-1}$)	灰渣/(吨·年$^{-1}$)	用水量/%	占地面积/%
燃煤发电厂	28 000	5 056	2 160 000	400 000	100	100
天然气发电厂	7	971	1 241 292	0	33	54

1) 天然气用于发电的主要形式

(1) 常规蒸汽发电

利用天然气在常规锅炉中燃烧,产生高温高压蒸汽推动蒸汽轮机,从而带动发动机发电。由于这种发电方式效率较低，目前已很少应用。

（2）燃气轮机联合循环发电

利用天然气在燃气轮机中直接燃烧做功，使燃气轮机带动发电机发电，称为单循环发电；再利用燃气轮机产生的高温尾气，通过余热锅炉，产生高温高压蒸汽后推动蒸汽轮机，带动发电机发电，成为双循环即联合循环发电。目前，应用燃气轮机发电技术已完全成熟。

燃气轮机装置是一种以空气和燃气为工质的旋转式热力发动机，它的结构与飞机喷气式发动机一致，也类似蒸汽轮机。主要结构包括燃气轮机（透平或动力涡轮）、压气机（空气压缩机）和燃烧室三部分。其工作原理为：叶轮式压缩机从外部吸入空气，压缩后送入燃烧室，同时燃料（气体或液体燃料）也喷入燃烧室与高温压缩空气混合，在定压条件下进行燃烧。生成的高温高压烟气进入燃气轮机膨胀做功，推动动力叶片高速旋转，乏烟气排入大气中或再利用。

2）燃气轮机用于发电的主要形式

（1）简单循环发电

由燃气轮机和发电机独立组成的循环系统称为简单循环发电系统，又称为开式循环。其优点是：装机快、起停灵活，多用于电网调峰和交通、工业动力系统。

（2）前置循环热电联产或发电

由燃气轮机及发电机与余热锅炉共同组成的循环系统称为前置循环热电联产或发电系统。它将燃气轮机排出的功后高温乏烟气通过余热锅炉回收，转换为蒸汽或热水加以利用。主要用于热电联产，也有的将余热锅炉的蒸汽回注入燃气轮机提高燃气轮机出力和效率。前置循环热电联产时的总效率一般均超过80%，为提高供热的灵活性，大多数前置循环热电联产机组采用余热锅炉补燃技术，补燃时的总效率超过90%。

（3）联合循环发电或热电联产

由燃气轮机及发电机与余热锅炉、蒸汽轮机或供热式蒸汽轮机（抽气式或背压式）共同组成的循环系统称为联合循环发电或热电联产系统。它将燃气轮机排出的功后高温乏烟气通过余热锅炉回收转换为蒸汽，再将蒸汽注入蒸汽轮机发电，或将部分发电做功后的乏烟气用于供热。形式有燃气轮机、蒸汽轮机同轴推动一台发电机的单轴联合循环；也有各自推动发电机的多轴联合循环。主要用于发电和热电联产。

（4）整体煤气化联合循环

由煤气发生炉、燃气轮机、余热锅炉和蒸汽轮机共同组成的循环系统称为整体化循环系统。它使用低廉的固体燃料代替燃气轮机使用的气体、液体燃料，提高煤炭利用效率,降低污染物排放。主要用于城市燃气、电力、集中供热和集中制冷。

(5)核燃联合循环

由燃气轮机、余热锅炉和核反应堆、蒸汽轮机共同组成的发电循环系统称为核燃联合循环系统。通过燃气轮机排出的烟气再加热核反应堆输出的蒸汽,提高了核反应堆蒸汽的温度和压力,提高了蒸汽轮机效率,降低了蒸汽轮机部分的工程造价。这种技术目前尚处于尝试阶段。

(6)燃机辅助循环

在以煤、油等为燃料的后置循环发电蒸汽轮机中,使用小型燃气轮机作为电站辅助循环系统称为燃机辅助循环系统,为锅炉预热、鼓风,改善燃烧,提高效率,并将动力直接用于驱动给水泵。

(7)燃气烟气联合循环

由燃气轮机和烟气轮机组成的循环系统称为燃气烟气联合循环系统。利用燃气轮机排放烟气中的剩余压力和热焓进一步推动烟气轮机发电。与燃气蒸汽联合循环系统比较,燃气烟气联合循环系统可完全不用水,但烟气轮机造价较高,尚未能推广使用。

(8)燃气热泵联合循环

由燃气轮机和烟气热泵,燃气轮机、烟气轮机和烟气热泵,或燃气轮机、余热锅炉和蒸汽热泵,以及燃气轮机、余热锅炉、蒸汽轮机和蒸汽(烟气)热泵组成的能源利用系统称为燃气热泵联合循环系统。该系统在燃气轮机、烟气轮机、余热锅炉、蒸汽轮机等设备完成能量利用循环后,进一步利用热泵对烟气、蒸汽、热水和冷却水中的余热进行深度回收利用,或将动力直接推动热泵。这一工艺可用作热电联产、热电冷联产、热冷联产、电冷联产、直接供热或直接制冷使用,热效率极高,是未来能源利用的主要趋势之一。

(9)燃料电池-蒸汽轮机联合循环

美国开发出了世界第一个将燃料电池和燃气涡轮机结合在一起的发电设备。这一设备的燃料电池由1 152个陶瓷管构成,每个陶瓷管就像一块电池。电池以天然气为燃料,能放出高温高压的废热气流,燃气涡轮机则用燃料电池产生的废热气流产生第二轮电力。只要有天然气和空气存在,燃料电池就能工作,其发电效率高于燃煤发电设备及燃气涡轮机的发电效率,且污染物排放大大降低,具有广阔的应用前景。

(10)天然气热电冷三联供系统

传统的发电和供热、供冷是分别实施的,燃料利用率较低,能源浪费,同时,这样安排使用燃料也加重了环境负荷,增加了碳排放量。热电冷三联供又称分布式能源联产系统。它是相对于传统的集中式供电方式而言的,是指将发电系统以小规模(数千瓦至

50 MW 的小型模块式)、分散式的方式布置在用户附近,可独立地输出电、热或(和)冷能的系统,同时它又可以与大电网相连结,在电力不够时从网上购买电,而在电力多余时向大电网出售电。简单地来说热电冷联产就是利用了传统的发电厂排出的废热来供热或供冷。这个概念早在1978年美国公共事业管理政策法公布后就正式在美国推广,然后被其他先进国家接受。

天然气热电冷三联供系统是一种建立在能量的梯级利用概念基础上,以天然气为一次能源,产生热、电、冷的联产联供系统,其系统示意图如图6.1所示。依据热力学理论,按能量的品味高低,安排用于发电、供热和供冷,不同温度的热能按应用要求进行合理分配,做到热电联供或热电冷三联供,实现不同品味的能量梯级利用,达到最大限度地提高能源利用率。它以天然气为燃料,利用小型燃气轮机、燃气内燃机、微燃机等设备将天然气燃烧后获得的高温烟气首先用于发电,然后利用余热在冬季供暖;在夏季通过驱动吸收式制冷机供冷;同时还可提供生活热水,充分利用了排气热量,具有较高的能源效率(图6.2)。

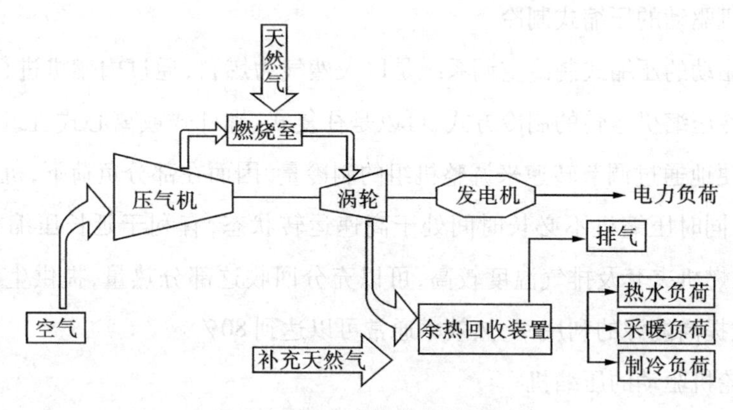

图6.1 热电冷联供典型示意图

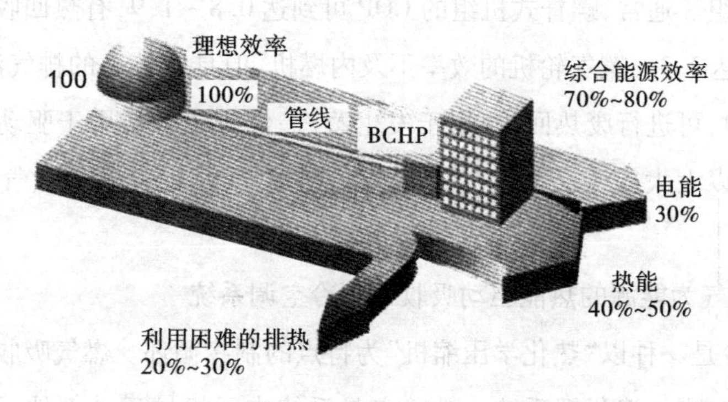

图6.2 建筑热电冷联产(BCHP)的能源效率

6.2.2 燃气空调

近年来,人们对空调的需求不断增加,用电量也随之剧增,特别加重了夏季的用电负荷。如果部分改用天然气作为驱动能源,不仅能够调整能源结构,降低环境污染,而且能够对电和燃气分别起到削峰填谷的作用。

燃气空调是指采用燃气作为驱动能源的空调冷热设备及其组成的空调系统,或以燃气等清洁燃料作为能源,提供制冷、供热和生活热水的空调系统及设备。

天然气在空调系统中的应用有以下几种方式

(1)以天然气为能源的动力驱动压缩式制冷空调系统

以天然气为能源的内燃机或燃气轮机驱动的压缩式制冷空调系统,不但具有节能、减少电力投资的优点,还具有延长压缩机使用寿命,提高能源利用率的优势。

①内燃机驱动的压缩式制冷

内燃机驱动的压缩式制冷空调系统是以天然气为燃料,通过内燃机进行动力输出,从而驱动制冷压缩机运转的制冷方式,可以是往复式、螺杆式或离心式机组。天然气内燃机可以方便地通过调节转速来调整机组的制冷量,因而在部分负荷下,机组容易保持较高的效率,同时压缩机不必长时间处于高速运转状态,有利于延长压缩机的使用寿命。此外,内燃机夹套及排气温度较高,可以充分回收这部分热量,提供生活热水或蒸汽,从而大大提高能源的利用率,热效率通常可以达到80%。

②燃气轮机驱动的压缩机

燃气轮机驱动式冷水机组与机械制冷机组相似,适用于具有较大制冷能力的螺杆式、离心式等机组。通常,螺杆式机组的COP可到达0.8~1.9,有热回收装置的离心式机组的COP可达2.3。燃气轮机的效率不及内燃机,但具有较高的排气温度,在驱动制冷压缩机的同时,可进行废热回收,用于发生蒸汽、供应热水或用于驱动除湿冷却式空调机等,这样可以大大提高天然气的一次能源利用率,从而提高天然气的整个能量利用率。

(2)以天然气为能源的热能驱动吸收式制冷空调系统

吸收式制冷是一种以"热化学压缩机"为特点的制冷循环。燃气吸收式制冷系统一般为氨—水系统,水—溴化锂系统。其特点是系统中无机械运动部件,无机械磨损,有利于延长机组使用寿命、降低噪声污染。天然气较高的燃烧品质,有利于提高制冷循环势力系数,减少能耗,减小冷热水机组的结构。天然气吸收式制冷空调机组不使用氟里昂类制冷剂,因而就不存在制冷剂泄漏造成臭氧层破坏这一问题。以天然气为燃料的吸收式制冷空调系统根据发生器中使用的不同热源可分为蒸汽(热水)机和直燃机两种。

①蒸汽(热水)吸收式制冷空调系统

蒸汽(热水)型吸收式制冷空调机组是一种较为普通的天然气吸收式制冷供热机组,且目前技术较为成熟。是以燃气锅炉产生的蒸汽(热水)加热发生器中的二元混合工质,使制冷剂迅速蒸发。该制冷方式可以实现一机多用,夏季供冷、冬季采暖以及全年提供生活用热水,有利于能源的合理利用,广泛地用于大型建筑物或中小型区域供冷供热工程。

②直燃吸收式制冷空调系统

直燃吸收式冷水机组是以燃气产生的高温烟气为热源的吸收式制冷供热机组,其工作系统如图6.3所示。该种机组具有天然气燃烧完全,燃烧效率高,传热损失小,污染小,体积小,使用范围广等特点,既可用于夏季供冷、冬季供热又可全年供应生活热水。我国第一台燃油直燃型溴化锂吸收式机组于1995年在上海诞生。

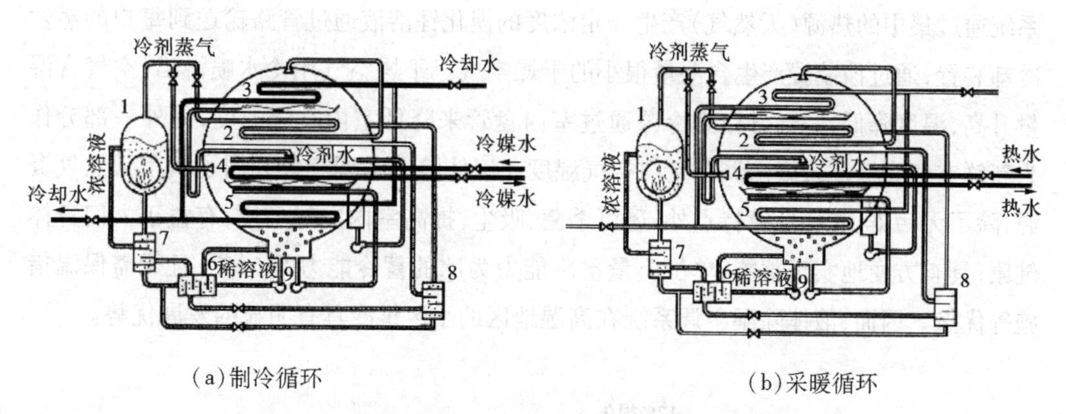

(a)制冷循环　　(b)采暖循环

图6.3　直燃型溴化锂吸收式冷热水机组的工作循环

1—高压发生器;2—低压发生器;3—冷凝器;4—蒸发器;5—吸收器;
6—预热器;7—高温热交换器;8—低温热交换器;9—屏蔽泵

(3)以天然气为能源的再生式除湿空调系统

再生式除湿空调系统是一种通过向再生空气加热器液体再生器提供热能实现制冷

的空调设备。该空调系统将热、湿负荷分开处理，既有利于提高制冷机的工作效率，又可以减小制冷装置的容量，降低导管尺寸，节省初投资；还可有效消除冷却器盘管表面的冷凝水，保持冷却器和冷流导管的干燥，防止因凝水产生的细菌滋生，达到提高室内空气品质，抑制装置的腐蚀和建筑材料的朽损。目前，在需要低露点的场所及潜热负荷较大的地区，再生式除湿空调系统正得到越来越多的应用。利用天然气燃烧向再生空气加热器或液体再生器供热，以实现吸附材料实现再生，从而驱动空调系统正常运行，具有节能环保的优势。根据吸附材料的不同，可分为固体吸附除湿空调系统和液体吸附除湿空调系统两种。

①固体吸附除湿空调

固体材料常见的有硅胶、活性炭、匪石（分子筛）、氧化铝凝胶、氯化锂晶体及一些高分子材料等。将氯化锂、硅胶等固体干燥剂固定在蜂窝状的旋转轮上。湿空气通过干燥剂旋转轮，水分被干燥剂吸附（收），放出吸附热，温度升高的干燥空气进入旋转式换热器冷却，再经蒸发冷却器进一步冷却，送入预定空间。由空间返回的空气经旋转式换热器预热后，被天然气热源进一步加热，然后进入干燥剂旋转轮，使干燥剂再生。该系统是一种较为经济的空调系统，对于需要大量新风的空调系统不失为一种很好的选择。

②液体吸附除湿空调

液体吸湿材料包括溴化锂溶液、氯化锂溶液、氯化钙溶液及乙二醇、三甘醇等。该系统通过集中的热源（天然气）产生一定浓度的溴化锂溶液通过管路输送到每户的蒸发冷却装置，通过该装置产生含湿量很小的干燥空气。干燥空气用冷水喷淋后，空气含湿量升高，温度降低，一部分作为冷源通过室内盘管来降低室内空气温度，另外一部分作为新鲜空气直接进入室内调节室内空气湿度。液体除湿空调充分利用了城市天然气资源，除了无污染、能耗低等特点外，还可杀菌、吸尘，提高室内空气品质，有益于人们身体健康；具有方便地实现蓄能，单位质量蓄冷能力为冰的蓄冷能力的60%，且无需保温措施等优点。因而，液体除湿空调系统在高湿地区的小区供冷具有明显的发展优势。

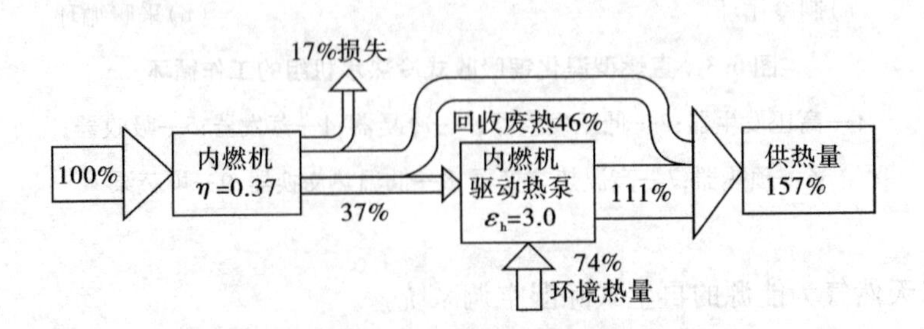

图6.4 带废热回收的内燃机驱动热泵流程图

(4)热泵

制冷循环制造了低于环境温度的冷量,从环境中吸取热量,又制造了高于环境温度的热量,而获得供热效果,形成所谓热泵的作用。热泵是一种将低温热源提高品位后提供高温热源的设备。热泵的工作原理与制冷机相同,是按热机的逆循环工作的。图6.4所示的是带发热回收的内燃机驱动热泵的能量利用过程。

燃气机驱动的热泵,简称为GHP,目前已被公认为很有发展前景的热泵型式。试验表明,燃气热泵与燃煤锅炉相比较,按我国天然气和煤炭价格计算,可节约运行成本约40%。燃气驱动和电驱动的压缩式热泵的技术经济性比较见表6.2。

表6.2 燃气驱动和电驱动的压缩式热泵的技术经济性比较

比较项目	燃气压缩式热泵	电动压缩式热泵
额定功率	按蒸发温度,变化幅度为1:2	按蒸发温度,变化幅度为1:3
供热温度	可大于70 ℃	最高55 ℃
发动机/压缩机调节	调节发动机的转速即可	分级装置才可调节,不降低效率
蒸发器容积	换热器表面积60%	换热器表面积100%
空气为低温热源时,蒸发器的除霜功能	约占年能耗量2.5%	约占年能耗量5%
制冷	制冷同时可提供余热	通过热泵逆循环运行
发电	在驱动轴另一端装一台发电机即可	不可能
燃烧废气的热量回收	露点以下,可利用其排烟废热	无
平均制热系数	最大值:4.0~4.5	2.5~3.5
一次能源利用系数PER	1.4~1.9	0.9~1.1
投资额度	100%~200%,不包括管道、建筑设施	100%,不包括变压器、管道和建筑设施
能耗费(燃气、电力)	45%~65%(据燃气收费标准而定)	100%
经济性效果	功率250~400 kW,与电动热泵相当;400 kW以上,比电动热泵好	功率低于200 kW时比燃气热泵好

6.2.3 燃气汽车

国民经济的快速发展和社会文明的不断进步极大地推进了汽车工业的发展进程，我国汽车产量和汽车保有量早已呈现出持续高速增长的态势。汽车排放是导致酸雨、光化学烟雾、臭氧层破坏、铅中毒和空气中存在大量危害人类健康的有害物质等环境污染形式的主要因素，从实际发展情况来看，以液化石油气和天然气作为替代燃料，可有效降低汽车尾气中的有害成分，是控制大气污染的有效措施之一。

从未来的能源消耗来看，由于受石油储量的限制，代用能源汽车的广泛使用将是汽车工业发展的必然结果，是近期乃至将来较长时期内的一种能够很好地解决汽车排气污染和能源紧缺这两个问题的有效措施。利用电能、风能、太阳能和氢能等新能源作为汽车燃料，未来将会成为可能，但是，在现代较长一段时间内，发动机燃用天然气是最为现实和比较成熟的。由于天然气低排放的环保功效，低燃料费用，合埋的资源配置，近年来在国际上日益受到重视。而发展天然气燃料汽车将给我国的汽车工业带来一次新的挑战和机遇。

1)液化石油气汽车

液化石油气(Liquefied Petroleum Gas)燃料汽车在世界上不少国家已得到广泛应用和发展，专用 LPG 燃料汽车装置和 LPG 汽车加气站的设计、制造和质量检验，已形成规范，技术上已相当成熟。

在 LPG 汽车推广使用的初期阶段，由于 LPG 汽车加气站少，就必然要考虑气、油两种燃料的并用问题。因此改装汽车需备有两种燃料的油箱，以便随时根据燃料供应情况而换用 LPG 或汽油。

目前，液化石油气燃料汽车技术已相当成熟。世界各国均是采用在不改变原车发动机部件的情况下，加装一套燃用液化器的系统，直接单独燃烧液化石油气。液化石油气和汽油的燃烧通过电磁阀转换，使用非常方便。

汽油机改用 LPG 主要需要进行三方面的改造，即油箱、LPG 减压蒸发器和化油器(汽化器)。这些部件和发动机的连接如图 6.5 所示。

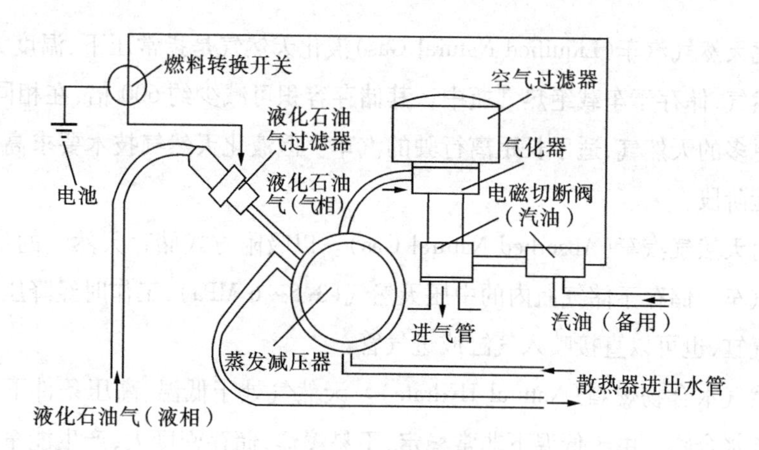

图6.5 汽车用液化石油气装置

LPG 燃料汽车不仅可以大幅度减少有害废气的排放量,而且具有低速性能好的优点,最适宜在车辆拥挤、人口密集的大中型城市使用。由于常温条件下,LPG 在容器中具有一定的饱和蒸气压,在汽车上可以省却燃料泵。同时,气态 LPG 与空气按比例充分混合后可以达到完全燃烧,不像汽油一样产生焦油,发动机油、点火栓也不会玷污,积碳少,对发动机的磨损低,可以延长汽车的使用寿命。LPG 的辛烷值比汽油高,因此它的抗震能力强,工作性能稳定,不会听到发动机的突爆声,在降低汽车发动机噪声的同时,也提高了汽车发动机的热效率。

2)天然气汽车

天然气(Natural Gas)汽车始于20世纪30年代,首先在意大利实用化,至今已有70年的历史。我国20世纪50年代在四川等地曾经应用低压气囊储气技术的天然气汽车,但开发应用压缩天然气起步较晚,80年代后期,才由四川石油管理局引进了第一座成套天然气加气和车辆改装设备。

(1)燃用天然气的汽车称为天然气汽车。按照其所储存的天然气的压力和形态分为压缩天然气汽车、液化天然气汽车、吸附天然气汽车和天然气水合物汽车四种。

①压缩天然气汽车(Compressed Natural Gas)。压缩到20.7~24.8 MPa 的天然气,储存在车载高压气瓶中。其储存压力通常为15~25 MPa,经减压器减压后供给内燃机。目前的天然气汽车基本上指的都是压缩天然气汽车。在25 MPa 条件下,天然气可压缩至原来体积的1/300,大大降低了储存容积。但是,由于储存压力的增大,也对 CNG 技术中的关键设备——储气瓶提出了更高的要求。

②液化天然气汽车(Liquified Natural Gas)液化天然气是指常压下、温度为 -162 ℃的液体天然气,储存于车载绝热气瓶中。其储存容积可减少约600倍,在相同的体积下可以储存更多的天然气,适于长距离行驶的汽车。但液化天然气技术要求高,目前尚处于开发试验阶段。

③吸附天然气汽车(Absorbed Natural Gas)。以吸附方式储存天然气的汽车称为吸附天然气汽车。储存于储气瓶内的中压天然气(3.5 ~6 MPa),工作时经降压、计量和混合后进入气缸,也可以直接喷入气缸或进气管。

④天然气水合物燃料(Natural Hydrate)。天然气处于低温、高压条件下,可以与水结合成固态水合物。由于低温下非常稳定,不易爆炸,储存密度大,产生能量多,因此水合物是理想的车用动力燃料。美国、日本等已开始研究基于天然气水合物的新型汽车,所涉及的关键技术是如何使水合物快速气化以满足内燃机系统的需要,目前已经取得了一些初步成果。

(2)按使用燃料种类的数量,天然气汽车可分为以下三类

①单燃料汽车(Natural Gas Dedicated Vehicle)。这类车是指发动机的燃料供给系统专为燃用天然气燃料而设计,在结构上保证天然气能有效利用的车辆,这类车通常有较高的压缩比,并且多采用燃料喷射系统和特制的天然气汽车用催化净化器。

②两用(灵活)燃料汽车(Fuel Flexible Vehicle)。这类车大部分是在现有的汽油车上改装而成,图6.6是以汽油机为基础改装成的一个实例,汽油机的燃料供给系统被原封不动地保留着并附加了压缩天然气瓶、减压阀、空燃比控制装置等CNG供气系统,驾驶员可随时进行切换,目前这类车在国内广泛使用。

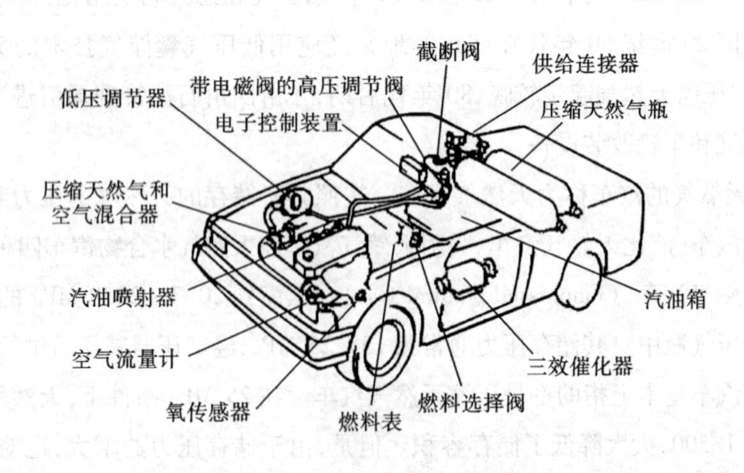

图6.6 汽油机方式的天然气汽车

③双燃料车(Dual Fuel Vehicle)。这类车是在柴油机的基础上加装CNG供给系统改装而成,发动机柴油供油系统仅喷入少量引燃混合气的柴油,CNG经电磁阀、过滤器、调压器进入混合器与空气混合后进入燃烧室燃烧(图6.7)。这种方法可以用CNG代替0% ~80%的柴油,排气中的颗粒物和碳烟含量也较少,但是这种方式与CNG专用方式相比,排气的清洁程度不够理想,气缸和活塞的热负荷较大,与此同时,双燃料发动机由于要携带两套燃料系统,因此结构比较复杂,而且柴油和天然气燃烧的最佳比例控制有难度。

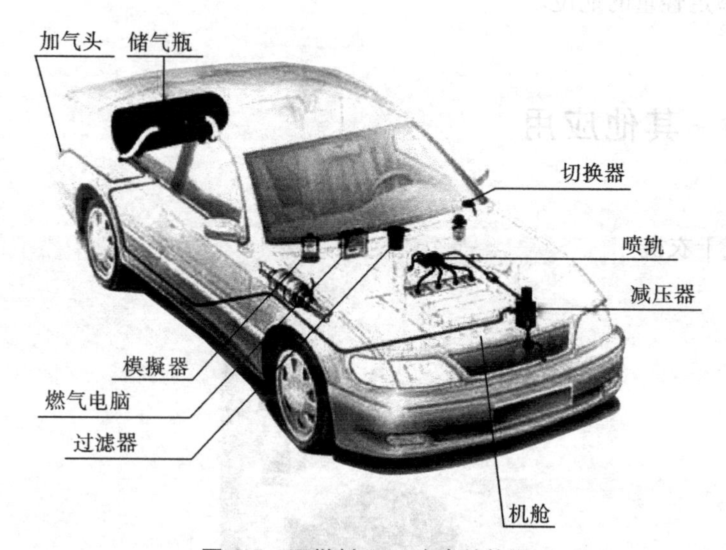

图6.7 双燃料CNG汽车结构图

(3)燃气汽车的优缺点

优点:

- 燃料来源丰富;
- 热效率高;
- 燃料价格较低;
- 尾气中污染物排放量少;
- 发动机使用寿命长;
- 维修费用少,可减少50%;
- 怠速及过度工况运行稳定性好。

缺点:

- 动力性较低;

- 储气瓶占用空间较大；
- 汽车用户的初期投资较大；
- 建站费用较高。

目前，全世界有40多个国家正在实施以天然气替代汽、柴油的战略计划。根据天然气和石油的发展势头，二三十年后在世界能源消费格局中，天然气将向石油气挑战，所以那时天然气汽车将得到迅速的发展。目前天然气汽车的保有量还不到汽车保有总量的1%，所以暂时还不能与传统汽车抗衡，但到21世纪中叶，天然气汽车在汽车总保有量中占有举足轻重的地位。

6.2.4 其他应用

(1)燃气干衣机

图6.8 某型号燃气干衣机

以燃气燃烧提供热源的干衣机称为燃气干衣机(图6.8)，主要部件为干衣机外机架、PLC控制器、干衣机内滚笼、风机、干衣机保温层、燃烧器等。在干衣机外机架与燃烧器之间设有连接底架，连接底架上固定有燃烧头，在燃烧头上方设有点火管，连接底架上有通气口，燃烧头与通气口之间设有挡火板，在燃烧头和燃烧器外壳之间设有上进气口和下进气口,在上进气口和下进气口中间设有一个分流板。其优点在于热效率高,使用方便,采用红外线加热,低能耗,热交换快,干衣速度快,热能利用高;采用大直径装载门,装卸衣物方便,降低操作工的劳动强度;大面积毛绒收集网,大直径风叶,不容易造成毛绒堵塞,保证了风道的畅通;成本低廉、节能环保,特别适用于没有蒸汽源但有燃气源的洗衣房。

(2)燃气炒茶机

一种运用远红外线与燃气燃烧加热扁形茶的高效节能型的炒茶机。远红外式燃气加热扁形茶炒制机的加热装置系燃气通过燃气导管与燃烧炉头相连,其连接处设置有连接装置,燃烧炉头内设置有电子点火器,在所述燃烧炉头上面、炒茶锅下方设置有远红外线辐射板。本产品具有高效节能、受热均匀、加热质量高、炒茶效率高、低污染、结构合理、经济实用、操作简便、温度控制简单等特点。

(3)燃气烘缸干燥机

纸张干燥是造纸过程中热量最集中、温度要求最高的部分。据估计,干燥过程所需热量约占造纸过程中所需全部热量的67%。因而,纸机车速的提高就会受到干燥效率的影响,从而影响纸张产量。常用的烘缸干燥利用冷凝蒸汽对烘缸表面进行加热,该方法蒸汽的使用需要烘缸的压力管道能达到美国机械工程师协会(ASME)标准,但这却限制了蒸汽压力及烘缸外壳温度,从而降低了干燥能力。一种低排放带状燃烧器和一种先进的传热增强技术相结合,开发出一种高效燃气纸张干燥烘缸(GFPD)。该产品可显著提高烘缸表面温度,从而提高干燥速率。无须延长干燥部的长度,即可提高纸张产量,为设备更新和新增效益节约大量投资费用。

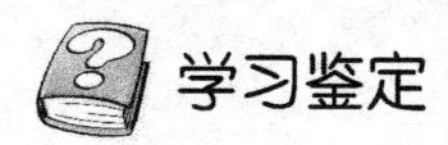

学习鉴定

1.填空题

(1)经国务院同意,国家发展改革委员会研究制定的《天然气利用政策》,于______年____月____日正式颁布实施。

(2)国家制定《天然气利用政策》的目的是________________,________________,________________。

(3)天然气利用由国家统筹规划,利用领域归纳为四大类,即:________、________、________、________。

(4)综合考虑天然气利用的社会效益、环保效益和经济效益等各方面因素,并根据不同用户的用气特点,将天然气利用分为四类利用等级,即:__________、__________、__________、__________。

(5)根据《天然气利用政策》,对用气量不大、经济效益较好的天然气制氢项目属于________类利用,以天然气代煤制甲醇项目属于________类利用。

(6)天然气用于发电的主要两种形式为__________、__________。

(7)相对于传统的集中式供电方式而言,燃气热电冷三联供系统属于__________。

(8)天然气汽车按照其所储存的天然气的压力和形态,可分为________、________、________、________四种。

(9)按使用燃料种类的数量,天然气汽车可分为__________、__________、__________三类。

(10)燃气汽车的动力性________于普通汽车。

2. 问答题

(1)简述天然气热电冷三联供。

(2)天然气在空调系统中的应用主要有哪些方式?

教学评估

等　级	考核项目	已 掌 握	未 掌 握
初级	燃气应用技术的政策导向		
中级	1. 燃气轮机发电原理 2. 三联供系统及能效		
高级	1. 燃料电池原理 2. 燃气空调系统		

参考答案

1　家用燃烧器具

1. 判断题

题号	(1)	(2)	(3)	(4)	(5)	(6)	(7)	(8)	(9)	(10)
答案	√	×	×	√	×	×	×	√	√	×

2. 填空题

题号	答　案
(1)	衣服温度传感器,衣服湿度感应器
(2)	电阻值,电压值,比例阀
(3)	循环水泵,自动排气阀
(4)	内部空气温度
(5)	供暖型
(6)	水过热保护

3. 选择题

题号	(1)	(2)	(3)	(4)	(5)	(6)	(7)
答案	B	C	A	C	C	D	B
题号	(8)	(9)	(10)	(11)	(12)	(13)	(14)
答案	C	C	B	D	D	C	C

4. 问答题

(1)答案:膨胀水箱中橡胶隔膜的一侧是惰性气体,水加热后膨胀的部分进入此水箱一侧;当系统内的水温降低后,水的膨胀量减小,在橡胶隔膜一侧气体压力的推动下膨胀水箱的水重新流回系统,保证系统压力平衡。

(2)答案:熄火保护灶是通过固定在火盖旁的一个感温管来感受外界热量变化,保证在意外熄火情况下,燃气灶能自动切断气源,从而保证人身安全。感温管在熄火保护中有两方面的影响,一方面,它保障意外熄火情况下在很短时间内切断气源;另一方面,打火时,感温管只有感受到外界一定的热量,才能使通气管道畅通,国际规定这个时间是45 s,但燃气灶采用了国际上比较先进的感温装置,使得这个时间控制在5 ~ 10 s,甚至更短的时间。

(3)答案:略。

2　商用燃烧器具

1. 填空题

题号	答　案
(1)	炒菜灶,大锅灶,开水炉
(2)	引射式,鼓风式

2. 选择题

题号	(1)									
答案	B									

3. 问答题

答案:由喷嘴、引射器、头部、火盖 4 部分组成。

3 燃烧器具的点火装置和安全自控装置

1. 填空题

题号	答 案
(1)	压电陶瓷式,电子脉冲式
(2)	热电偶式,电离子式

2. 选择题

题号	(1)										
答案	A										

3. 问答题

答案:由于两种不同金属所携带的电子数不同,产生的热电势也不一样,当火焰加热时两个导体之间存在温差时,就会发生电子数(热电势)由高电位向低电位移动现象。温度越高,电子移动越多,电流越大,这种现象叫热电效应。

4 燃烧设备间的通风与排烟

1. 选择题

题号	(1)	(2)	(3)								
答案	D	A	D								

2.填空题

题号	答　案
(1)	闸板

3.问答题

答案:略。

5　工业用燃烧设备

1.填空题

题号	答　案
(1)	大气,鼓风
(2)	断开
(3)	断开
(4)	负荷需求,燃气压力,空气压力,火焰,指示灯,电磁阀,点火变压器,燃烧机电机,伺服电机

2.问答题

(1)答案:主要由引射器、燃气喷嘴、燃烧器头部、点火变压器、观火孔、火焰离子探头、点火燃烧器、点火电极、燃气压力开关、电磁阀等组成。

(2)答案:主要由燃烧头、燃烧机电机、控制器、伺服电机、风压开关、布风板、电磁阀组、燃气压力开关、火焰检测电极、点火变压器、燃气喷口等组成。

(3)答案:用于调节风门的执行器,从而达到调节风量的目的。

(4)答案:主要有燃气阀组(调节压力)、稳压器(稳定燃烧机前燃气压力同时保护燃气阀组)、检漏装置(对燃气电磁阀的密闭性进行自动测试)组成。

(5)答案:电离电极检测法和紫外线光电管检测法;中、小功率燃烧机使用电极检测法,大功率燃烧机使用紫外线光电管检测法。

(6)答案:若稳压装置出口压力升高时,经信号管导入膜片下方的压力随之升高,推动膜片上移,同时带动阀芯移动,关小阀口,使出口燃气压力降低。通过对螺丝的调节可调节弹簧的弹性力,弹性力越大,测出口压力越高。

6 燃气应用技术发展的领域

1. 填空题

题号	答　案
(1)	2007,8,30
(2)	缓解天然气供需矛盾,优化天然气使用结构,促进节能减排工作
(3)	城市燃气,工业燃料,天然气发电,天然气化工
(4)	优先类,允许类,限制类,禁止类
(5)	允许,禁止
(6)	常规蒸汽发电,燃气轮机联合循环发电
(7)	分布式能源
(8)	压缩天然气汽车,液化天然气汽车,吸附天然气汽车,天然气水合物汽车
(9)	单燃料车,两用(灵活)燃料汽车,双燃料车
(10)	低

2. 问答题

(1)答案:天然气热电冷三联供系统是一种建立在能量的梯级利用概念基础上,以天然气为一次能源,产生热、电、冷的联产联供系统。依据热力学理论,按能量的品味高低,安排用于发电、供热和供冷,不同温度的热能按应用要求进行合理分配,做到热电联供或热电冷三联供,实现不同品味的能量梯级利用,达到最大限度地提高能源利用率。它以天然气为燃料,利用小型燃气轮机、燃气内燃机、微燃机等设备将天然气燃烧后获得的高温烟气首先用于发电,然后利用余热在冬季供暖;在夏季通过驱动吸收式制冷机供冷;同时还可提供生活热水,充分利用了排气热量。

(2)答案:天然气在空调系统中的应用主要有以下三种方式:

①以天然气为能源的动力驱动压缩式制冷空调系统:以天然气为能源的内燃机或燃气轮机驱动的压缩式制冷空调系统,不但具有节能、减少电力投资的优点,还具有延

长压缩机使用寿命，提高能源利用率的优势。

②以天然气为能源的热能驱动吸收式制冷空调系统：吸收式制冷是一种以“热化学压缩机”为特点的制冷循环。燃气吸收式制冷系统一般为氨—水系统，水—溴化锂系统。其特点是系统中无机械运动部件，无机械磨损，有利于延长机组使用寿命、降低噪声污染。天然气较高的燃烧品质，有利于提高制冷循环势力系数，减少能耗，减小冷热水机组的结构。

③以天然气为能源的再生式除湿空调系统：再生式除湿空调系统是一种通过向再生空气加热器液体再生器提供热能实现制冷的空调设备。该空调系统将热、湿负荷分开处理，既有利于提高制冷机的工作效率，还可有效消除冷却器盘管表面的冷凝水，保持冷却器和冷流导管的干燥。目前，在需要低露点的场所及潜热负荷较大的地区，再生式除湿空调系统正得到越来越多的应用。根据吸附材料的不同，可分为固体吸附除湿空调系统和液体吸附除湿空调系统两种。

参考文献

[1]《燃气燃烧与应用》编委会. 燃气燃烧与应用[M]. 北京:中国建筑工业出版社,2000.

[2] 傅忠诚,艾效逸,王天飞,等. 天然气燃烧与节能环保新技术[M]. 北京:中国建筑工业出版社,2007.

[3] 花景新. 燃气应用技术[M]. 北京:化学工业出版社,2009.

[4] 中国石油和石化工程研究会. 天然气利用[M]. 北京:中国石化出版社,2006.

[5] 戴永庆. 燃气空调技术及应用[M]. 北京:机械工业出版社,2005.

[6] 焦树建. 燃气—蒸汽联合循环[M]. 北京:机械工业出版社,2000.

[7] 谷鹏,刘艳苹. 天然气汽车应用技术的研究[J]. 今日科苑,2007(24).

[8] 钟章元. 制冷空调技术中天然气的应用[J]. 科技资讯,2009(4).